不畏将来，
不念过往

刘馨微 编著

南海出版公司
2019·海口

图书在版编目（CIP）数据

不畏将来，不念过往 / 刘馨微编著. -- 海口：南海出版公司，2019.12（2021.4 重印）

ISBN 978-7-5442-9607-6

Ⅰ. ①不… Ⅱ. ①刘… Ⅲ. ①成功心理 - 通俗读物 Ⅳ. ①B848.4-49

中国版本图书馆 CIP 数据核字（2019）第 085319 号

BU WEI JIANGLAI, BU NIAN GUOWANG
不畏将来，不念过往

编　　著	刘馨微
责任编辑	余　靖
美术设计	松雪图文
出版发行	南海出版公司　电话：（0898）66568511（出版）　（0898）65350227（发行）
社　　址	海南省海口市海秀中路51号星华大厦五楼　邮编：570206
电子邮箱	nhpublishing@163.com
经　　销	新华书店
印　　刷	三河市众誉天成印务有限公司
开　　本	880 毫米×1270 毫米　1/32
印　　张	5
字　　数	110 千
版　　次	2019 年 12 月第 1 版　2021 年 4 月第 4 次印刷
书　　号	ISBN 978-7-5442-9607-6
定　　价	36.00 元

南海版图书　版权所有　盗版必究

前言

人的一辈子，是由无数个昨天组成的，如果一直纠结于不好的事情，人生该是多么的黯淡无光。

无论你今天要面对什么，既然走到了这一步，就坚持下去，给自己一些肯定，你会比自己想象中要坚强。

每个人都会累，没人能为你承担所有的悲伤，人总有那么一段时间，要学会自己长大。

过去是一个梦，一段回忆；未来是一个希望，一段憧憬；现在是一段最美好的真实！让过去成为过去，不念；让现在过好现在，不悔；让将来成就将来，不畏！

不念过去，活好现在，不畏将来！或许这才是最好的生活状态。过去的我们总会有一些后悔和遗憾，也会有一些伤心和悲痛，不要老叹息过去，过去的已经过去，不可能再重来。让过去成为过去，别让昨天的忧伤占据了今天的快乐。

过去的就让它过去吧，过去过得好与不好都不重要，重要的是现在要过好。不要埋首于远昔的过去，把握现在吧。与其后悔过去，不如奋斗将来。

过去不念，活好现在，方能不畏将来。将来代表着希望，我们都憧憬着未来，未来不可追。我们都喜欢将很多事情寄托于将来，或许是为了安慰自己，或许仅仅只是个假想罢了。

　　那道我们曾经以为迈不过去的坎，那段我们以为不敢回首的曾经，当有一天回过头去看的时候，你会发现那只不过是可以一笑而过的曾经，是可以谈笑风生的过往。

　　我们总在边走边看，往前看也往回看，愿所有人提起过往，无论好坏，都能谈笑风生。不一定非要感谢那段过往，但愿能不后悔那段经历。所有你经历的都是命中注定，所有你走过的都要感谢自己。过往的风景，终将成感慨。不畏将来，不念过往。

2019 年 4 月

01

有些故事还没讲完,那就算了吧

有些人还没来得及了解 ...002

不要沉浸在过去的伤痛中 ...007

不要太在意别人的诋毁 ...009

重视自己的内心感受 ...011

不完满才是人生 ...013

是你的感受造成你的不舒服 ...015

只缘身在此山中 ...018

一切都是最好的安排 ...021

遗憾让我们慢慢成长 ...024

死亡意味着终结 ...028

02

活在当下，每时每刻皆有意义

别总是后悔 ...032

对事物持正面的看法 ...034

凡能假如的，必是充满了遗憾的 ...037

每时每刻皆有意义 ...040

生命的意义只能从当下去寻找 ...043

与不幸握手言和 ...046

不完美怎么了 ...048

人无远虑，必有近忧 ...053

别拿自己太当回事 ...055

今天所做的一切相加就等于未来 ...058

我爱当我自己 ...065

人生几度秋凉 ...067

03
所有让你激动的梦想，终有一天会实现

要想成功就必须把眼光放远 …072

最绝望无助的日子 …075

兴趣是动力的源泉 …080

专注于自己感兴趣的事情更容易成功 …084

善于等待时机 …087

年轻无极限 …089

梦想＋失败＋挑战＝成功之道 …093

男人的人生从挫折开始 …096

没有什么不可能 …099

改变，去做一些新的事情 …102

我粉碎了每一个障碍 …105

不圆满，才能更完美 …107

04
若已接受最坏的,你将无所畏惧

坚持做下去,总会有结果 ...110

临渊羡鱼,不如退而结网 ...116

正确的比较之道 ...119

与自己比较 ...122

向成功的人学习 ...124

抓住微小的希望之光 ...127

掌握比别人更多的技能 ...131

山外有山,学无止境 ...133

英雄不问出身 ...136

无法成为别人,只能成就自己 ...140

别把希望寄托在别人身上 ...143

绝不要随意贬低自己 ...146

别让依靠成为一种习惯 ...149

PART 01

有些故事还没讲完,
那就算了吧

有些人
还没来得及了解

有人问晚年的张幼仪爱不爱徐志摩,她答道:"你晓得,我没办法回答这个问题。我对这个问题很迷惑,因为每个人总告诉我,我为徐志摩做了这么多事,我一定是爱他的。可是,我没办法说什么叫爱,我这辈子从没跟什么人说过'我爱你'。如果照顾徐志摩和他家人叫作'爱'的话,那我大概爱他吧。在他一生当中遇到的几个女人里面,说不定我最爱他。"

1922年3月,徐志摩经金岳霖做证,在柏林与张幼仪离婚。徐志摩发表了《徐志摩、张幼仪离婚通告》,离婚时,他还写了一首《笑解烦恼结》送给张幼仪。《时报》说,徐、张的婚变,被视为是近代中国的"第一桩离婚案件"。

林语堂说过:"倘令有一个妇人,当双方爱情冷淡时真肯诙谐地解除男人之束缚,则40岁男人所能享受的利益,那个离了婚的40岁老妇人且为生过三个孩子的母亲者不能享受。"

在中国妇女尚未具备西方姊妹之独立精神时，那些弃妇常为无限可怜的人。张幼仪就是这种可怜的人。

有些人还没来得及了解，故事就已经结束。

1900年，张幼仪出生在宝山县城张宅，父亲张祖泽是一位在当地颇有名望的医生。张家原先很富有，到张祖泽这一辈就开始没落了，以致在幼仪7岁时，父亲不得不带着妻子和儿女搬到南翔县居住行医，后来又从南翔搬到上海住家。

幼仪名嘉玢，兄弟姊妹共十二人，幼仪排行为八，姐妹中排行为二。兄长中知名者，有二兄张君劢（嘉森），宪法学家，《中华民国宪法》的主要起草者，曾任中国民主社会党主席；四兄张公权（嘉璈），著名的金融家，曾先后出任中国银行总经理、中央银行总裁；八弟张禹九（嘉铸），是徐志摩的好朋友，参与创办新月书店，他还是张家唯一参加了徐志摩和陆小曼婚礼的人。

1913年，徐志摩在杭州府中学上学时，与张幼仪订婚。结婚还要再过两年。这年志摩16岁，幼仪13岁，正在苏州第二女子师范学校读书。

关于这个订婚，有个小故事。

张幼仪的四哥张公权担任浙江省都督朱瑞的秘书时，到杭州府中视察，对其中一个学生的作文印象极为深刻，尤其是一篇题为《论小说与社会之关系》的文章，将梁启超的文笔模仿得惟妙惟肖。他的书法也透露出不凡的才气。

经过打听，四哥知道这位年轻的士子，是硖石商会会长徐申如的独生儿子。当天晚上，就寄了封以本名张嘉璈署名的信给徐申如，提议徐志摩与他的妹妹成亲。信寄出没过多久，徐申如就回信表示同意。

婚后张幼仪才知道，徐志摩对这桩婚姻并不满意，只是碍于父母之命或者说是张家的声势，才订婚并结婚的。婚后在婆家住了几年，有个用人才告诉了她，徐志摩第一次看她照片时的情形——把嘴角往下一撇，用嫌弃的口吻说："乡下土包子。"

二人在1915年12月5日结为夫妇。婚礼不是拜天地，而是文明结婚。婚礼场面也是浩大的、奢华的。为了买到称心的嫁妆，张家专门派人去欧洲采购，又派幼仪的六哥随行监督。嫁妆的体积大到张幼仪根本无法带着整批东西去硖石，里头的家具多到连一节火车车厢都塞不进去，只好由幼仪的六哥从上海用驳船送过去。

婚后张幼仪辍学，在硖石徐家侍奉公婆。早在这年的九月，徐志摩已考入北京大学预科，婚后未回北大上学，就近去了上海的沪江大学读书。

1920年冬，志摩在英国留学时，幼仪赴英与他团聚，转过年的夏天二人分手，那时的幼仪已怀有身孕。张幼仪与徐志摩离婚后，徐申如认幼仪为寄女（干女儿）。

现代人离婚遍地都是，合则相处，不合即分。张幼仪生活的时代，是从封建社会过渡而来，有人觉得徐志摩对张幼仪太过决绝，太过绝情。但换一个角度来看，不爱还耽误另一个人的幸福，才是最大的残忍。唯一可惜的是，徐志摩从未想走进张幼仪的世界，就直接把她判了死刑。其实，张幼仪的才华真的是不容小觑的。

张幼仪在德国期间，入裴斯塔洛齐学院，攻读幼儿教育。1922年2月24日在德国生下次子德生，西文名Peter（彼得），后夭折。

徐志摩从没有好好了解过张幼仪，他总认为自己的浪漫是这个传统的中国女子所不能理解的。在徐志摩的眼中，张幼仪就是个"土包子"，接受了西方文化的他不能忍受在传统文化中成长起来的妻子的僵硬呆板和乏味无趣。

从德国归来后，她起初在东吴大学教授德语，许多名媛都愿意与之交往。不久，张幼仪的理财天分就显现出来了：她在上海开办的云裳时装公司是旧上海首屈一指的女式服装店；出任上海女子储蓄银行副总裁；后来还当过民社党的执行委员兼财务部部长。徐志摩去世后，抚养独子徐积锴成人。

1949年4月，幼仪来到香港居住。1953年8月与同住一楼、上下相邻的苏季子医师结婚。相偕飞赴日本东京，在某大酒店举行结婚典礼，八弟禹九参加了姐姐的婚礼。

1967年，张幼仪和苏医生一起去了康桥、柏林这些她早年住过的地方。和苏医生坐在康河河畔，欣赏着这条绕着剑桥大学而行的河流，她这才发觉康桥原是这般的美丽，而以前她从不知道这点。站在她和志摩曾住过的那间小屋外凝视，她没办法相信自己住在那儿的时候是那样年轻。在柏林，她无法走到布兰登堡大门，因为它正好在柏林墙的后面。不过，她还是想办法站在一两栋建筑外头看到了她以前的家。走访过这些地方之后，她决定让她的儿孙知道她的前夫徐志摩。于是她请徐志摩编《新月》的同事梁实秋，把志摩的全部著作编成一套文集。她提供了一些信件，由儿子徐积锴带去台湾见梁实秋。

1974年苏医生去世后,幼仪迁往美国与儿子一家共同生活。幼仪晚年,一是促成了台湾版《徐志摩全集》的出版,二是给自己的侄孙女讲述了自己的一生,后出版成英文著作《小脚与西服》。

不要沉浸在
过去的伤痛中

　　人的一生有太多事情要做，情感只是生活中的一部分，在无法挽留的时候要懂得放弃，忘记过去，重拾心灵，给自己一个新的开始。感情受到挫折是常见的现象，如果陷在失恋的旋涡中不能自拔，苦苦地做着无谓的挣扎，发泄内心的失落和苦闷，就会走向沉沦。自始至终地爱一个人需要勇气，尤其是当对方移情别恋的时候，更要拿得起放得下。

　　莎士比亚说过："聪明的人永远不会坐在那里为他们的损失而悲伤，他们会很高兴地想办法来弥补他们的创伤。"可惜，在现实生活中，没有几个人能够做到让不愉快都随风而去，把过去的痛苦沉在心里，多数人在不断地痛恨惋惜和懊恼中度过本该轻轻松松的每一天。

　　我们习惯了对过去的事情紧抓不放，也习惯了对自己眼下的幸福视而不见，从而常常抱怨美丽的东西不属于我们。得不到的东西好比是闪烁天际的星星，虽然璀璨却很遥远。因此，倒不如把那些往事当成美丽的回忆，走过去了，就不再返回。 如果把它们当成追求目标，就会发现那些东西并不值得拥有。 失去的东西因为失去才美丽，但等到失而复得的时候，却未必能有一种好的心情，现在的幸福时刻才是我们应该紧紧抓住的。 世界上最珍贵的不是得不到和已失去，而是此时此刻的拥有。

在人的一生中，经常会遇到两种截然不同的人：一种是帮助你的人；另一种是刺伤你的人。 对于帮助你的人自然要怀有感恩的心，对于刺伤你的人也不能一味地去抱怨和仇恨。 相反，要大度地对他们表示感谢。 毕竟，他们的伤害让我们有了进一步的成长。

伤害能够让一个脆弱的人变得坚强，能够给你一个痛定思痛的机会，能够在逆境之中磨炼一个人的意志。 伤害能够让一个人不断地成熟起来，懂得什么是真正的生活，在日后的选择中能够三思而后行，考虑问题会周全一些，对待别人也能够做到真正地将心比心。

快乐是一个不断放弃与选择的过程。 与其背着心灵的包袱受苦受难，不如悄悄放下，轻松上路。

不要太在意
别人的诋毁

季羡林说他曾有个"良好"的愿望：我对每个人都好，也希望每个人对我都好。只望有誉，不能有毁。最近我恍然大悟，那是根本不可能的。如果真有一个人，人人都说他好，这个人很可能是一个极端圆滑的人，圆滑到琉璃球也能长只脚的程度。

在无法避免诋毁的生活中，我们只能调整心态去面对。有一句非常流行的话叫作"心态一变，世界就变"！怎样对待诋毁，显示了每个人不同的做人态度和人生智慧。

罗贯中所著《三国演义》中，一百零三回写诸葛亮叫阵司马懿，但不管怎么叫骂羞辱，司马懿就是高挂"免战牌"。当时蜀军长途跋涉，远离大本营，在魏国抢地盘，如果不能速战速决，司马懿将会以逸待劳占个大便宜。是时，诸葛亮便想出了一个非常歹毒的计策，派人送了一套女士服装给司马懿，暗指司马懿畏首畏尾像个裹着小脚的女人，不敢出来跟蜀军一较高下。

但是司马懿见了诸葛亮派人送来的女士服装，不但不生气，反而很高兴地把新衣服套在身上展示了一番，然后，波澜不惊、慢条斯理地向来使打听诸葛亮的工作生活。来使是个直肠子，就说：我家丞相每天玩命工作，事必躬亲，每天吃的是草，挤的是奶，而且最近饭量也不好。司马懿听了微微一笑，做了个科学的预见，说：诸葛亮迟早会过劳死。

司马懿并非被骂几句就七窍流血而死的王朗、张昭、周瑜之流，他看透了诸葛诋毁背后的用意，所以能谈笑风生，击败神机妙算的神话人物诸葛亮。

很多球迷都记得在 2006 年世界杯上最令人遗憾的一幕：齐达内头撞意大利队马特拉齐被红牌罚下，为他几近完美的足球人生留下一个令世界为之遗憾的结局。

撞头事件，当时几乎抢掉了世界杯所有噱头成为各大媒体争相报道披露的焦点，齐达内称马特拉齐侮辱了他的妈妈和姐姐，所以未能控制自己的情绪。然而不管怎么样，齐达内的表现辜负了众多球迷的期待。当世界各地的球迷通过电视屏幕看到他们由衷热爱的球星被红牌罚下错身走过大力神杯的那个镜头时，不禁为之扼腕叹息。

我们都有七情六欲，愤怒当头，也很难控制自己的情绪。所以，也通常会像齐达内那样，付出惨重代价之后才学会怎么对待诋毁，只是有时候这个代价太过惨重了。

重视自己的
内心感受

当重新审视自我后,也许你会惊讶地发现,现在的你敏感、计较、浮躁、焦虑,整天忙碌却像个无头苍蝇,于是,你多么渴望回到过去轻松快乐的时光。

小时候,我们总是很容易获得快乐满足的感觉,一件新衣服、一份小小的礼物就可以让我们兴奋好一阵子。而长大后,似乎没有什么可以提起我们的兴致,故乡的天,故乡的景色也不再是儿时记忆中的那般美好。我们不解:究竟是记忆变了,还是我们变了?

从什么时候,我们失去了对快乐的知觉?我们对烦恼、失落、忧虑、伤害如此敏感,我们一直很忙碌以致无法停下来,忙碌却并没有带走我们内心的空虚。

我们为了目标不惜付出一切代价,为了养家糊口我们必须承受工作的压力,似乎我们生来就是要成为工作的奴隶。终于,我们的努力换回了梦寐以求的物质享受,生活看似已没有太多的缺失,可是我们为什么总感觉若有所失呢?为什么这一刻我们不能完全地感受到身心的轻松愉悦呢？

那么，请问自己一些问题：我是个什么样的人？ 我在为什么而活？ 这一刻我内心的真正感受是什么？ 我快乐吗？我这一生一定得依循学习、工作、赚钱、成家、立业、糊口、退休的生活模式吗？

在这样一个人人苟同的世界，我们甚至懒得思考自己想要什么，只要能过得和大多数人一样就很知足了。

我们知道有许多人正陪着自己承受压力，许多人正和自己一样陷入生活琐碎的烦扰中，偶尔我们感觉到些许快乐竟是因为我们听说别人比自己过得更糟糕，从众心理成了我们心安理得继续麻木生活的唯一理由。

我们如同一只在原地快速机械地旋转的陀螺，这种停滞的忙碌将我们带入麻木愚钝的境地，内心的激情、活力被日渐磨灭，沉迷享受，懒于奋斗，懒于思考，懒于表达爱，懒于去听从我们的内心，懒于改变，畏惧一切未知的事物……

人最危险的堕落是麻木停滞，以无所谓的态度对待一切。 当你自我满足不再前进时，你的工作会陷入瓶颈，你的整个状态就像沟渠里的那潭死水，你的事业会走入低谷，你的婚姻不堪一击，还有你的人际、你的情绪都会陷入危机四伏的境地。

人之所以活得辛苦压抑，主要是因为长期以来忽视了自己的内心感受，强迫自己做心不甘、情不愿的事。

不完满
才是人生

季羡林曾说：每个人都争取一个完满的人生。然而，自古及今，海内海外，一个百分之百完满的人生是没有的。所以我说，不完满才是人生。

有了工作的人，嫌工作不够轻松，嫌工资不高；有家的人，嫌老公不够成功，嫌老婆不够漂亮；有车开的人，嫌车子不够高档，嫌开着不够拉风；有房子住的人，嫌房子不够阔气，嫌位置不够好……总之，对于大多数人来说，生活总有不够好、不够满意的地方，即使已经有房有车，仍旧觉得自己不够成功，不够富有，恨不能一夜之间成为巴菲特、比尔·盖茨，成为丁磊、马云。正是这种对人生完满感的强烈需求，导致我们的社会被包裹在无限的浮躁和焦虑当中。

人活在这世上，总是在不断失去一些东西，有些是重要的，有些是不重要的，但失去本身却是无可挽回的，真正能接受并面对这一事实的人，才能算是一个成熟的能经得住生活挫折的人。

六六说:"一个人圆满的一生,要生过一次大病,离过一次婚,打过一场官司。"听起来,这说法未免有点儿一己之见的狭隘,但说的道理却再正确不过。只有经历了失去的人,才懂得拥有的价值,也才能懂得付出的必要,不完满的另一面也正是完满。要知道,圆满的一生,并不是真正拥有一切,而是要学会珍惜和付出。人生是没有完满的,我们现在所拥有的就是完满的。

每个人的一生都是不完满的,在公司里辛苦打一份工,面临工作的压力,惧怕被上司挑剔,还有后进竞争者的威胁。工作之外,我们要承担亲朋好友的期望和要求。我们活得并不轻松,我们也并不成功。我们的人生,有很多想做的事情没有去做,全然不是少年时代梦幻的、头脑之中畅想的人生。可以说,我们浑身充满了缺憾,但我们正是带着这样的缺憾人生,走向生命的完满。

是你的感受
造成你的不舒服

如果你对周围的任何事物感到不舒服，那是你的感受所造成的，并非事物本身如此。借着感受的调整，你可在任何时刻都振奋起来。

人类是地球上唯一能够过着丰富内在生活的动物，人经常不看外在的环境怎么样，而是凭着自己的诠释，来认定自我和决定未来的行动。我们人类之所以不同于其他生物，乃是因为具有极强的改造能力，可以把任何东西或想法转换或改变成能让自己觉得快乐或有用。而我们最强的能力，便是能把自己的一手经验结合别人的经验，创造出完全不同于任何人的方式，展现在生活的各种层面上。因而也只有人能够改变脑中的神经链，使痛苦化为快乐或快乐化为痛苦。

这个影响的来源有儿时的玩伴、自己的父母、老师、朋友、电影或电视影片中的英雄以及其他种种，不知不觉中它们对你造成了影响。有些时候可能是别人说的一句话、学校发生的一件事、比赛中的一场胜利、一次尴尬的场面或门门科目都是 80 分以上的成绩，这都可能对你曾造成莫大的影响，因而塑造了今天的你。我们的人生掌握在对于痛苦和快乐的认定上。

当你回顾过去，是否能够回想出有哪一次经验所形成的神经链对你造成今日的影响？你对那次的经验赋予了什么样的意义？

切斯特·菲尔德爵士曾说："不管是男人或是女人，经常都是被心而非脑所指挥。"

事实上，我们的行为确实是痛苦或快乐的直接反应，跟理智全然没有关系。譬如理智告诉你巧克力吃多了对身体不好，可是我们还是猛吃，为什么呢？因为我们的行为并不受理智的约束，而是受控于神经系统中对于痛苦或快乐的直接影响，这就是神经链的作用，它决定了我们该怎么做。虽然我们都相信做事当凭理智，然而绝大部分的例子中是受控于情绪，它决定了我们做事的想法。我们希望能不受情绪所支配，就像是节食对胖子身体有益，可是很多人做不到，因为他们觉得那样很痛苦。所以我们若是想解决一个问题，却不能针对造成这个问题的原因来处理就定然不会有效。什么原因呢？那就是痛苦或快乐，我们若不能把痛苦套在旧的习惯上及把快乐套在新的行为上，那么任何的改变就不能持久。人们想逃避痛苦的意愿远大于得到快乐，就像是单凭意志节食只能产生一时的效果，因为要得到美好身材的快乐远不如忍受食物当前的痛苦。要想能持之以恒地节食，我们必须把痛苦套在爱吃高热量及高脂肪的行为上，使得以后再也不敢多吃，同时把快乐套在吃营养食物上，那些身材适中且身体健康的人，就是因为笃信食物味道再好也不如身材好，因而"喜欢"进食有营养的食物。

只要能把痛苦或快乐跟任何事物连接在一起，我们就可以很快改变自己的想法、情绪或习惯。譬如说就以戒烟为例，你得把痛苦套在抽烟上，而把快乐套在戒烟上，这件事你绝对有能力做到，可是由于你长期把快乐套在抽烟行为上，以致一谈到要戒烟时便会觉得痛苦，因而戒烟难有成效。然而你若是跟那些戒掉烟瘾的人一谈，便会晓得抽烟的行为其实可以在一天之内便能戒除，只要你能实实在在地改变抽烟的意义，让它不再是一种快乐而是一种痛苦。

只缘身在
此山中

种田人常羡慕读书人，读书人也常羡慕种田人。竹篱瓜架旁的黄粱浊酒和朱门大厦中的山珍海鲜，在旁观者所看出来的滋味都比当局者亲口尝出来的好。读陶渊明的诗，我们常觉得农人的生活真是理想的生活，可是农人自己在烈日寒风之中耕作时所尝到的况味，绝不像陶渊明所描写的那样闲逸。

人常常不满意自己的境遇而羡慕他人的境遇，所以俗语说："家花不比野花香。"人对于现在和过去的态度也有同样的分别。本来是很辛酸的遭遇到后来往往变成很甜美的回忆。

看倒影，看过去，看旁人的境遇，看稀奇的景物，都好比站在陆地上远看海雾，不受实际的切身的利害牵绊，能安闲自在地玩味目前美妙的景致。看正身，看现在，看自己的境遇，看习见的景物，都好比乘海船遇着海雾，只知它妨碍呼吸，只嫌它耽误航程，预兆危险，没有心思去玩味它的美妙。持实用的态度看事物,它们都只是实际生活的工具或障碍,都只能引起欲念或嫌恶。要见出事物本身的美,我们一定要从实用世界跳开,以"无所为而为"的精神欣赏它们本身的形象。总而言之,美和实际人生有一个距离,要见出事物本身的美,须把它摆在适当的距离之外去看。

树的倒影何以比正身美呢?它的正身是实用世界中的一个片段,它和人发生过许多实用的关系。人一看见它,不免想到它在实用方面的意义,发生许多实际生活的联想。它是避风息凉的或是架屋烧火的东西。在散步时我们没有这些需要,所以就觉得它没有趣味。倒影是隔着一个世界的,是幻境的,是与实际人生无直接关联的。我们一看到它,就立刻注意到它的轮廓线纹和颜色,好比看一幅图画一样。这是形象的直觉,所以是美感的经验。总而言之,正身和实际人生没有距离,倒影和实际人生有距离,美的差别即起于此。

同理,游历新境时最容易见出事物的美。习见的环境都已变成实用的工具。比如我们久住在一个城市里面,出门看见一条街就想到朝某方向走是某家酒店,朝某方向走是某家银行;看见了一座房子就想到它是某个朋友的住宅,或是某个总长的衙门。这样的"由盘而之钟",我们的注意力就迁到旁的事物上去,不能专心致志地看这条街或是这座房子究竟像个什么样子。在崭新的环境中,我们还没有认识事物的实用意义,事物还没有变成实用的工具,一条街还只是一条街而不是到某银行或某酒店的指路标,一座房子还只是某颜色某线形的组合而不是私家住宅或总长衙门,所以我们能看出它们本身的美。

一般人迫于实际生活的需要,都把利害认得太真,不能站在适当的距离之外去看人生世相,于是这丰富华严的世界,除了可效用于饮食男女的营求之外,便无其他意义。

一切都是
最好的安排

上天让我们受苦，一定有它特别的理由，一切都是最好的安排。

人在一生中必定会经历许多不同的课题。生命充满悲伤、痛苦、羞耻、恐惧和失落，除了这些无法避免的痛苦之外，我们还经常因为心里的思绪和想法，累积了更多苦恼。

仿佛生命原有的痛苦不够多，我们还要一直反复地回想它们、衡量它们，并加以合理化。

生命中的痛苦，我们本来就必须承受，但是因为想法所追加的痛苦，却不一定要接受。

忧虑的想法之所以这么有影响力，是因为我们既相信它又抗拒它。我们之所以经常拥抱忧虑，是因为我们以为这样做就可以得到保护，心想："如果我这样担心的话，事情就不会发生了。"仿佛担忧是一种护身符，可以避免我们受伤害。

忧虑的想法实在令人困扰，让人不由自主地想压抑它。

我们试图把忧虑塞回脑子里，可是，我们越把忧虑推开，它就越往潜意识里住，让我们更觉前途黯淡。

布雷兹里特曾说过："如果没有严冬，春天就不会那样舒心宜人。"的确，不知苦痛，怎能体会到快乐？ 在生活中，许多时候，人们若不是尝到痛苦，遭受折磨，就不会有苦尽甘来的甜蜜感觉。

生活中难免会遇到这样那样的不如意，就看我们以怎样的心态对待它？普希金在一首诗中写道："假如生活欺骗了你，不要烦恼不要心焦，阴郁的日子里要心平气和，想念吧，那快乐的时光就要来到……"既然我们每个人都还做不到挥手出红尘，就要在生活中学会歌唱和欢笑。 不要一味去苛责人情冷暖、世态炎凉，也不要一味去抱怨命运多舛、天意弄人。 关键要调整自己的心态，用心去发现生活中的美和善。 在没有阳光普照的日子里，要学会温暖自己，使自己变得坚强，使自己的心灵充满希望。

一个人来到人世间，如果没有理想，没有追求，只是为了享受，而不去承受痛苦，那么他不仅享受不到生活赐予他真正意义上的幸福，还有可能变成好逸恶劳的寄生虫。

现在很多都市里的人生活条件好了，过得舒适了，反而很难快乐起来。 究其原因，正是因为没有体验过条件艰苦和物质贫乏的"苦"，才不知现在这种物质满足和条件舒适的"甜"。

因为幸福是相对的，所以幸福可以很简单：肚子饿的时候，有一碗热腾腾的拉面放在你眼前，就是幸福；累得半死的时候，扑上软软的床，就是幸福；哭得伤心的时候，旁边有人温柔地递来一张纸巾，也是幸福……平常一些很小的事，也能给你带来幸福。

可以说，世间本不缺少幸福，缺少的只是感受它的心灵。

没有经历风雨就不会见到彩虹，没有品尝过痛苦的滋味，就不会享受到幸福的甜蜜。所以，我们有幸活在这个世上，就要勇敢地承担起生活带来的磨难，也要好好地享受生活赐予的幸福。

遗憾让我们
慢慢成长

　　好多东西失去了,你心有不甘却又无能为力;好多东西都没了,就像是遗失在风中的烟花,让人来不及说声再见就已经消逝不见。人生就是一场匆忙的路过,失去不遗憾,来不及拥有也不可怕。相逢如是,离别亦如是。淡然并不是伪装出来的,而是一种沉淀。从某种意义上说,人永远都不会老,老去的只是容颜,时间会让一个灵魂变得越来越动人。遗憾,让我们慢慢成长。

　　遗憾可以彰显出悲壮之情,而悲壮又给后人留下一种永恒的力量,遗憾可以丰富我们的情感,而这种情感让我们更加至真至性。也许生活带走了太多东西,可是却留下片片真情。有过遗憾的人,必定是感觉到深切痛苦的人,这样的人也必定真正地活过,付出过最真的心,用自己的行动演绎过至真至纯的情感,令人心动和感慨。没有遗憾的人生不圆满。

　　错过的一切,如同错过的时光一样,无法找回,只是错过一点点，就会错过太多，或许还会错过一辈子，留下终生的遗憾。有时我们本可以轻易地拥有，然而却让它悄然溜走了。记得以前看过一部电视剧《半生缘》，不否认男女主人公是真心相爱的，但命运与缘分的捉弄使他们各奔东西，多年以后他们再次相见，痛苦万分，追悔不及，只剩遗憾，也许世间最大的悲剧莫过于两个相恋的人不能牵手一生一世，但是正因为有了遗憾，那份情义才越发显得弥足珍贵，既浸入骨髓又超然永恒。

其实有许多感情从开始到结束，不管结果如何，只要有过让自己为之震动的感觉，这就是一种富有。一个温暖的感情矿藏，一种生命中最厚重的拥有，毕竟曾经交换过彼此的快乐和寂寞，不要再难过，人总得去面对醒来的一切。人世本无常，岁月流逝如梦一场，曾经的梦想和誓言如落叶般随风飘荡到不知名的地方，但应始终相信当初说它的时候是发自内心的。

不必再去说什么割舍不下，因为已经没有选择的余地了，美好的东西总是太多，我们不可能全部都得到，但对于已经不属于自己的东西，不必再奢望什么，无缘的人总是留下遗憾，在那一个个熟悉的画面里，凋零着各种情绪的味道，在那一个个生动的故事里，多想为它画上一个省略号，却在命运的无奈中被迫为它画下句号，于万丈红尘中的空望，洗却铅华之后的暗伤，将永远与对方形同陌路。

有的时候，真的幻想时光可以重来一次，那样的话就可以重新选择一切，面对相同的时间里发生的相同的故事不会再重蹈覆辙，不会再走这样的心路，例如友情，或许再换位思考一下，就不会换作冷漠相视；再如，如果我们都少一些猜疑，爱情或许能更长久一些。

可是想过没有，如果没有经历过遗憾，又怎么能懂得珍惜？如果不是遗憾，又怎么可以那么刻骨铭心，又铭心刻骨地去记住一个人、一些事呢？有许多事必须要亲身经历过才会懂，有了遗憾，才有了可以回忆的片段，才有了令我们一生也无法忘怀的东西，它会在内心深处产生共鸣。

生命只是沧海之一粟，然而却承载了太多的情非得已，聚散离首，不甘心也好，不情愿也罢，生活一直都是一个任人想象的谜，因为不知道最终的谜底，也只能一步步地向前走。

人生中也会遇到很多感人的缘分，不经意间的萍水相逢，却发现也可以给予很多，简单的邂逅和错过，也可以在心中烙下清晰的标记。

在经历以后，我们才会学到了许多，明白了许多，也成熟了许多。人生之路，一定不会总有枝繁叶茂的树，鲜艳夺目的花朵，蝶飞蜂舞的美好景色，它一定也会有阻挡在前的高山和荒凉的沙漠；一定不会总有阳光照耀下缤纷的色彩，也会有阴天时的迷雾重重；生活不仅有灿烂的笑颜，还会有无言的泪水，任谁也无法轻松跨越。

遗憾是我们的必经之路，但还是希望大家都能少一点遗憾，尤其希望两个真心相爱的人能幸福长久地生活在一起。

人生没有完美，生活也没有完美，遗憾和残缺始终都会存在，穿越过岁月的风雨，才发觉已经失去的东西很珍贵，没有得到的东西也很珍贵，但世间最珍贵的还是去把握现在，去珍惜这似水的流年，即使将来容颜不在，至少还可以对自己说："我有遗憾，但是遗憾过后，我曾坚定地好好生活过，我不后悔。"

死亡
意味着终结

死亡意味着我们已知的所有事物的终结。所依恋的一切都将烟消云散,积累的所有财富亦无法带走。

人的一生,大多碌碌无为。虽精力旺盛,却未用于正途,人的一生似乎毫无意义,而当他到了五十岁、八十岁或九十岁回望人生时,就会问自己这一生都做过什么。

生命具有最为非凡的意义,有至美,有大苦,有深忧。然而,当这一切都结束的时候,我们可曾想过自己这一生都做过些什么?我们的生命里,多半充斥着金钱、生存的持续冲突、倦怠、辛劳、不幸、挫折以及偶有的快乐;又或者,你一辈子都在全身心地爱着一个人,而完全没有自我。

生命总是破碎、片段化和分裂的。它们从未完整过,我们也从未对它做过完整的观察,而总是从某个特定的角度去看待。由于我们自身本就是分裂的,所以总是被我们以分别心看待的生命本身也是矛盾重重、冲突不断。

所谓过去、现在和未来,都不过是心理学概念上的时间。如果人能够意识到这条真理，那将是个伟大的发现。我们总认为生与死之间还有一段遥远的时间距离，认为生活就是生活，死亡则是要努力避免和延迟的事，这其实是将生命的另一个片段放在了遥远的未来。要想全面观察整个生命的运动，人就不该将生与死区隔看待。但问题是，人只在意生存问题，而不关心死亡，甚至不愿谈及死亡。因此，人不仅是从生理上把生命片段化，而且还把自己的生活和死亡分离开来。

人人都害怕死亡，都希望能够延长生命、避免死亡，但死亡终究会到来。

死亡意味着我们已知的所有事物的终结。依恋的一切都将烟消云散，积累的所有财富亦无法带走——你会因此感到害怕，恐惧已成为你生命的一部分。然而，不论你是谁，多么富有或贫穷，即便位居要职，拥有无上权力，都终有一死。

但死去的是什么？是"我"，是这一生的积累，包括所有的痛苦、孤独、绝望、泪水、欢笑和苦难。所有这一切加总起来，构成了"我"。你或许会辩解，说在内心深处还有一种更崇高的心灵，包括自我与灵魂，皆是永恒之物，但这些其实都源于思想，而思想并非神圣不可侵犯的东西。

人所依恋的只是一个"我"，而"我"终会死亡——我们的生命便是如此。生命属于已知，死亡属于未知。而我们既害怕已知的东西，又恐惧未知的事物。

死亡是对过去、现在和将来，也就是"我"的完全否定。而正是出于对死亡的恐惧，你认为人类还会以其他的生命形态存在，并且相信轮回转世之说。这其实是那些不明白何为生存的人一厢情愿的想法而已。他们认为生活充满了无尽的痛苦、冲突和苦难，而欢笑与快乐只是昙花一现。他们会说："我们还会有来生，我在死后，还会遇到我的妻子或丈夫、我的儿子、我的神。"人们还不明白自己是什么，又依恋什么。人必须深入而认真地去探究这种依恋。人必须明白，死亡会褫夺所有，它不允许我们带走任何东西。

死亡在生命中具有非凡的意义。我们在说对他人的依恋、自尊心、对抗心理乃至憎恶感的终结。如果你能将生命作为一个整体来观察，就会发现死亡、生存、烦恼、绝望、孤独和苦难都处于同一个运动的整体中，你就不会再害怕死亡。而死亡即意味着生命没有延续，若能认知到这一点，那么即便身体将要毁坏，你也不会再对无法延续感到恐惧。

在你的生命历程中，生与死始终一体，相伴相随，死亡其实一直都在你的身边。与死亡同行，这是最为非凡的体验。没有过去，现在，也没有将来，只有终结。

PART 02

活在当下，
每时每刻皆有意义

别总是后悔

因为一件事做得不完美而后悔，或因为不经意的一句话而伤害别人而后悔，这都是难免的。但如果一个人经常性地话一出口就后悔，那就不太正常了。

这种坏习惯有时候是因为犹豫不决的性格造成的。有的人面对选择时，总会考虑得无比周到。从大到小、从前到后，样样都考虑，到最后把自己给搞糊涂了，不知如何做出选择。好不容易在别人的帮助下或在内心的催促下做出了决定，话一出口马上就后悔，心里想：可能做另外一种选择更好。

考虑太多会使你"说了常后悔"，欠考虑也同样使你"说了常后悔"。有些人喜欢信口开河，说话不着边际，只管吹牛扯淡倒也无妨，问题在于一不小心就可能伤了别人，那就只有道歉了。

由于犹豫不决而常后悔的人，总会有种失落感，本来做出选择是件很痛快的事，而对他来说却是痛苦的事。去购置一样东西本来是一种享受,而他却体会不到这种满足。 上街去吃火锅,走过麦当劳门前会禁不住想:吃麦当劳也不错。火锅已经在面前了,麦当劳的香味还萦绕在眼前,火锅的味道肯定减了一半。

如果你是一个优柔寡断的人,则需要在做决定之前先弄清楚:我选择的首要标准是什么? 在做选择之前先把标准的顺序排好,如果只想买支笔,能写就行,那就挑支便宜的。在做出决定以后,只能想我选的东西有多少优点,别去想别的,要有一种知足常乐的心理。

而如果是欠考虑、易冲动的人,就要告诉自己:凡事要三思而后言。 特别在感情冲动时,要立即警告自己:别光从自己的角度出发,换个角度,和别人开玩笑,不能凭自己想象,你要想想他会不会生气。

在批评人时,也要想想对方会怎么想,不能光顾自己发泄。 在承诺别人时,不能光让对方满意,要考虑一下自己能否承受得了。

对事物持正面的看法

很多时候你不满于自己的现状,是因为你身旁没有可以比较的对象,你无止境负面地抱怨着自己的工作事业、人际关系以及感情生活,仿佛这世上最倒霉的人就是你。 但如果你能静下心来,对周围的人和事物持正面的看法,你将会发现,跟别人相比,自己其实并没有那么多不如意、那么多不幸。 因为当你不满意于现状时,一定是在抱怨缺少了什么、什么不够好,而绝不会去提及或珍惜自己当下拥有了什么,这是普遍的一种人性。

世上很多事物都是相对的,正与负、赢与输、好与坏、幸运与不幸运。 问题是,当你去对比这些事物时,通常都是拿自己跟别人比,而且这个别人一定是所谓的成功人士。 你用高标准去审视自己的幸福指数,于是开始衍生出负面情绪,怎么别人的车是进口的? 怎么别人的住屋都在高档社区? 怎么别人的薪资远超过自己? 什么都是别人好,他们都比自己帅、有钱、快乐,甚至连女朋友都是别人的好,脸蛋好、身材好、气质好。 其实你在比较这些事物时，犯了一个很严重的错误，你看到的都是别人所谓成功后的结果，而不会知道，或根本不想了解，那成功的过程中他们背负多少压力、挫折，以及你无从想象的辛苦。 你眼睛里看到的都是各领域各行业中脱颖而出的优胜者，你却只是嘴巴上抱怨不公平，接着站在原地怨天尤人，负面的情绪已经压垮你应该努力向前的动力。

你跟别人比幸福时，一定眼高手低地拿金字塔顶端的成功跟自己比，对象一定是在社会竞争下所谓的优胜者，但你不会跟自己周围那些相同背景、相同学历、相同出身的人相比。 因为你比较的对象本来就是极少数的成功者，相较之下，你的待遇、你的工作、你的生活，自然会显得样样不如人，于是你开始愤世嫉俗地认为社会对你不公。 但你除了负面地抱怨外，完全没有思考要如何以正面的态度去解决这些问题，此刻的不满已经蒙蔽了你的理智，所以你停止了正向的思考。 更多时候，你心里想的是一步到位的成功，最好是明天一觉醒来，已经有辆进口车停在门口，或一进公司就被通知加薪，你不会觉得这些事情其实你也办得到，但需要时间去累积、去努力。 当然，如果你真会如此理性地去分析，就不会无止境地抱怨了!

什么是正面思考与负面思考呢？ 在此举个例子：当你摇晃着手中透明玻璃杯里的半杯水，悲观本位者看到时会想：唉! 只剩下半杯水! 而性格乐观的人则会说：好的! 还有半杯水! 同样只有半杯水，但解读角度不同，语气也就跟着不同。 很多时候看事情的角度是可以随心境转换的。

所以，请即刻停止负面的情绪，因为你以负面的态度去面对世界，这个世界的画面就是负面的，并不是如数学问题般负负得正。我们凡事都应用正面思考去面对，而且除了不应该与少数成功的个案相比之外，连周围的同事、朋友、同学也都不需要跟他们去比，你应该自己跟自己比，而不是拿别人的标准套在自己身上，你应该自己鞭策与要求自己，问现在的你比起过去进步了多少，改变了多少，有没有过得比以前好，这才是正确的生活态度。请切记：生活中的努力，是为了让自己的人生过得更美好，而不是为了超越别人而炫耀！

凡能假如的，
必是充满了遗憾的

郭沫若曾说：人世间，比青春再可贵的东西实在没有，然而青春也最容易消逝。最可贵的东西却不甚为人们所爱惜，最易消逝的东西却在促使它的消逝。谁能保持永远的青春，便是伟大的人。

不少人都存在好逸恶劳意识，想少付出多获得，想多享受少劳动，尤其是部分年轻人的好逸恶劳意识更加强烈，对娱乐玩耍的兴趣很浓，总是玩不够，对工作和学习总是很冷淡，一提起工作和学习，就皱眉头。然而随着年龄的增长，一个人肩头的担子越来越重，要承担家庭责任，赡养老人、养育子女；要承担社会责任，干好工作、服务社会。于是，人的好逸恶劳意识就越来越淡化，以至于化为乌有，变得十分能吃苦耐劳，工作和学习很有韧劲。这时，那些在青年时期虚度年华的人，过了而立之年，想在工作中创造一流业绩，想提高家庭生活水平，却感到力不从心了。

我们经常会假设我们的人生：假如当初好好学习，那么今天的我将……假如当初我选择的是另外一家公司，那么今天我将……假如当初我娶了她，那么今天我将……

人们的假如往往都存在抱怨，抱怨来源于对过去的追悔，对现在的不满。人们一边"假如"着曾经，一边却在毫不吝啬地把今天浪费在"假如"上，亲手让今天成为未来的遗憾。

社会是普遍联系的，遵循一个平衡定律：一个人只有付出，才能得到回报，方便别人，自己才能得到方便；而一个人只想得到，不想付出，结果他什么也得不到，甚至损失得更多。

生命的残酷恰恰就在于昨日不能重现，而这也是生命美好的根源。试想假如时光可以倒流，人们将会更加恣意地浪费、宣泄自己的人生，生命将变得一文不值。

凡能假如的，必是充满了遗憾的。

纳德兰塞姆牧师在聆听了万余人的临终忏悔后，总结出了这句足以让后人时刻警醒的话——假如时光可以倒流，世界上将有一半的人可以成为伟人。

老人后悔年轻时的努力不够，以致事业无成，这正印证了那句老话"少壮不努力，老大徒伤悲"！

人生是不可逆转的，昨天已经过去，今天也将成为昨天。当你为昨天而哀叹时，是否想过明天会不会哀叹已成昨日的今天？之所以时光倒流人们才会成为伟人，正是人们反省后的结果，于是才有了那么多不可能的"假如"。

大多数人回头看，都做着各类不能实现的假设，希望重新活过。大多数人向前看，都对未来寄托着最美好的、仿佛就在眼前的希望。可是我们真的不能重新活过,这是很多人的遗憾。我们也不能左右未来,明知道未来是不确定的,依然要往前走。

人就这么一生,到这世上匆匆忙忙地来一次,我们每个人的确应该有个奋斗的目标。如果该奋斗的我们去奋斗了,该拼搏的我们去拼搏了,但还不能如愿以偿,是否可以换个角度想一想:人生在世,有多少梦想是我们一时无法实现的?有多少目标是我们难以达到的?我们在仰视这些无法实现的梦想,眺望这些我们无法达到的目标时,是否应该以一颗平常心去看待我们的得与失。"岂能尽如人意,但求无愧我心",对于一件事,只要我们尽力去做了,就应该觉得很充实、很满足,而无论其结果如何。

青春是短暂的,犹如绚丽的烟火,但即使是短暂的,在那一瞬间却成了永恒。我们不会因为它短暂而忽视了其存在的价值,有人说存在的即是合理的,与其去抱怨青春的短暂,何不静下心来去领会它的奥妙呢?

有人为了博取青春的自由而付出了生命的代价,有人为了获得青春的成功而一直在努力前行。也许过了这个轻松的青春时节,以后的每个季节都不再轻松,既然这样,那我们为何又要虚度青春呢?当你拿着父母的血汗钱在放纵时,又可曾想过青春的沙漏在哭泣;当你在职场中碌碌无为时,青春的雨滴早已干涸;当你因失恋而一蹶不振时,青春的警钟早已敲响。

与其把青春挥霍殆尽而去黯然垂泪,不如把握好现在的时光,让自己拥有一个不后悔的人生。

每时每刻
皆有意义

你的每一刻对这个世界都有意义，即使你手中一无所有。

每个人一生的时间都是有限的，那些圣人们的一生，也不例外，他们有的甚至短命，当他们死去的时候，生命的价值却不曾消亡，是一笔可供未来世代享用的遗产。

活过一生，忠于自己，服务世人，修一个正果，爱过也被爱过。这世界有许多无名英雄，他们一生没有任何作品，只用不为人知的方式参与世界的进化工作。他们为人类最高的利益而活，却不曾想过扬名立万，甚至根本没试图用"成功"证明自己，他们一路到底的默默无闻。

诚实看待自己的生命。你每天每夜所做的事都很有意义，且能使你心中微笑吗？你是否把大多数的时间都花在几乎毫无乐趣的事情上？当你生命终了，会不会希望自己曾经以另一种方式过活？如果你只剩下一个月的寿命，会作什么改变？

检视自己的内心深处。你快乐吗？有什么东西是你觉得必须拥有才会快乐？你确定拥有那样东西之后，一定会快乐吗？那样你就满足了吗？

真切正视自己心灵的价值。假设明天你突然死了，在回顾自己的一生时，哪些时光会是你最珍视的？你会最想念活着时候的哪一部分？

生活的片段，有时是无尽的喜悦，有时是深沉的伤痛。然而不变的是，当你全心全意于你所处的那一时、那一事、那个当下，你所经历的便是一个深具意义、绝不枉费的刹那。

我们大多数人都无法全然专注于自己正在做的事，无法心无杂念地感受眼前时刻。我们把绝大部分时间都花在心不在焉上，以至于很难拥有真实的刹那，因为只有在你百分之百地经历当下的那一瞬间，真实的刹那才能富有力量，才能完满。

全神贯注能使你完全投入那一瞬间，它能把每一个寻常的经历——散步、哄孩子入睡、拥抱伴侣，甚至单纯地开车，转变成一个个真实的刹那。当你全神贯注，就能毫无遗漏地去感受自己当下所处的环境和正在做的事，而不是麻木地让眼前这介于过去和未来的瞬间，成为又一个即将逝去、将被遗忘的时刻。

太多时候，我们大多数人都受困于这个不健康的习惯；而一旦麻木地过日子，我们便错过了所有真实的刹那。

用心迎接生命为你展现的每一刻，全心全意活在当下。

我们都在为明天而活，对当下所付出的时间则少之又少。 我们为未来计划、为未来担忧,然后不知不觉中,当生命走到了尽头才醒悟:我们一心一意计较已发生或希望到来的事,却忘了享受当下的每一个片刻;我们都变成"为生活做准备"的专家,同时也变成"现在就充分享受活着"的低能儿;我们为事业做准备、为休假做准备、为周末做准备、为退休做准备——概括起来,我们其实是在为生命终了做准备。

如此擅长于为未来而活,问题就出在我们已养成了不活在当下的习惯,于是当那些期待已久的美好事物真正来临——假期、升迁、狂欢会……我们已经不知道该怎么去享受了。 面对这些引颈企盼了好久的美事,我们依旧匆忙走过,仿佛只是又一桩麻烦事,我们迫不及待要把它解决掉,但事过境迁,又想不透自己为什么还觉得失落,觉得不满足。

我们相信在拥有某种经验,或某种财富,或某种地位之后,我们就会快乐,而在这之前,快乐是不可能的。 因此我们努力工作,或任时间流逝,然后总有一天,我们所期待的快乐源头就会降临。 我们完成学业、减肥、创业或买房子,然后欣喜地等待快乐的到来——同时大失所望,我们或许会觉得满足,却不快乐。

生命的意义只能从当下去寻找

我们之中,一定有很多人已经步上了这条路。我们买了车子和房子,我们投身工作,并且正一步步爬上成功的阶梯,我们努力供给小孩那些我们不曾有过的一切享受。我们得到很多想要的东西,也当上了我们从前所欣羡的成功人物。但是渐渐地,我们开始怀疑,好像有什么地方出了差错。不停追求的那些梦想,已经把我们带进了一个心灵和情感的死胡同:这一路上,我们拿出所有真实的刹那来换得财富、换取目标的达成,但是,我们换不到快乐。

而更可怕的是,在这过程中,我们的生命已悄然飞逝了。每个周末,我们奇怪一个星期又跑哪儿去了;每个除夕夜,我们感叹怎么一年又不见了;早上醒来,赫然发现自己已经三十岁、四十岁或更老了,却怎么也想不起来,时间是怎么流逝的!我们看着孩子毕业、有了自己的家,但总觉得摇他们入睡、教他们绑鞋带,仿佛都是昨天的事。

当我们将生命耗费在为未来做准备,而非享受眼前时光时，我们失去了欣赏和领受快乐的能力。

我们不能让时间慢下来，从呱呱坠地的那一刻起，我们就向死亡的那一端迈进，一点一点地在变老，但是，一旦我们能更全心全意地体验生命的每一刻，就会觉得时间过得更有意义。

一行禅师在《一步一莲花》中写道：生命的意义只能从当下去寻找。逝者已矣，来者不可追，如果我们不反求当下，就永远探触不到生命的脉动。

如果你不知道珍视现有的一切和现在的自己，无法从中得到快乐，那么即便将来拥有了更多，你也不会快乐；如果你不懂得怎样充分享受手上的五百元，就算有了五千元，甚至五百万元，你还是无法享受；和你的另一半在家附近散散步，如果你不能从中得到乐趣，就算去夏威夷、去巴黎也没用。这里并不是说多点钱、多点休闲活动，不能让生活更舒适。事实上，生活是会因此舒适一些，但你却不会因此而快乐，因为钱和休闲活动本来就没这功效。只有你自己，借着学习活在当下，与时偕行，才能让自己快乐。

抉择学院的创办人之一柯福曼有一句名言："我们的忧患并非与生俱来，而是学而时习之。"意思是说我们还保有"放心于当下"的本能，我们可以戒掉麻木的习惯，开始全神贯注去品尝每一分活着的滋味。

"如果一直这么努力，你就会失去所有的东西了……"

昨日已成历史；

明日还未可知。

此刻是上天的赐予（gift），

所以我们称它作"现在"(the present)。
真实刹那只出现在你有意识地
全神贯注于身所处、手所做和心所感的时候。
而唯有全神贯注于那一时刻，
你方能得到那一时刻所带来的赐予、启示或喜悦。

与不幸
握手言和

曼德拉说：当我走出监狱大门的时候，早已把仇恨和愤怒留在了身后，否则，我将会把自己一直关在监狱里面。

解决仇恨的方式，不是把仇恨还回去。那样的话，将会永远纠缠在仇恨之中。况且，生活也不会给你合适的时间，合适的地点，以你最解气的方式再给对方一记耳光。生活的目的是，远离仇恨比调停仇恨更有意义。

世界上的好多仇恨，不是通过你死我活而解决的，而是通过云淡风轻放下的。一个不能受辱的脾气，看似刚烈血性，但会在生活中处处受辱。理由其实很简单：你放下的太少，势必就会承担得太多。

幸运和不幸一样，都极具偶然性。

但从人生的角度解读，前者会被看作是运势，后者会被认同为命运。命运，就是在心底里，把一切偶然理解为必然。这是不一样的。因为，偶然后面跟着的，是看得开和无所谓；必然后面跟着的，是屈从和投降。

在不幸的层面上，谁都希望把这种偶然落在别人的头上，这是人自身的狭隘。再崇高的人，也不会自邀不幸。人生，在幸与不幸之间，没有任何风度可言。

一个人，遭遇了不幸是痛苦的。然而，比这个更痛苦的是心底的不平衡：只因为别人没有跟自己一样不幸。

生活有时候很坏，把一个又一个不幸降临在同一个人头上。最深的悲剧，就是人生被一块一块撕碎，然后，还让你看不到任何转机和希望。不幸，会成全人的强大。当然了，也会成全另一种强大，那就是完全屈从命运，逆来顺受。从抗争不过，到不再抗争，其实是命运对一个人的毁灭。

当然了，还会有另一种强大：有一种人在灾难的砥砺下，开始仰望命运，并微笑着伸出手去，与所有奔赴而来的不幸握手言和。

他们知道，唯有这样，才会成为真正意义上的强者。

不完美
怎么了

如果等你把自己的房间装饰得非常漂亮以后再请客的话，你可能已经没有朋友了；如果等你功成名就赚了钱以后再找女朋友的话，能够和你同甘共苦的人可能已经结婚了。

如果现在让黄西再制订人生目标的话，他可能会说：要成为一个能够抓住今天，抓住现在，努力做我自己想做的事情的人。所以长期的目标不妨定高一点儿，近期的目标应该定得低一点。

我们一定要成为自己的啦啦队，在自己遇到挫折的时候，在别人过分责怪你的时候，一定要记住，要对自己讲：不完美怎么了。

黄西出生在吉林省白山市。那时候条件特别艰苦，他的学习成绩也特别不好，一个班级里边40多人，黄西就考43名。当时也是回家没法交代，黄西还跟他爸讲："你看，爸，黄西比两个小朋友还聪明。"

黄西爸每次去学校，老师就向黄西父母保证，他说：你儿子肯定考不上大学。黄西爸也相信了，然后他还在锅炉房里边给黄西找了份工作。但在家里边，黄西爸一个劲儿对儿子说："你其实是很聪明的，你只是没有用功而已，如果你努力的话，肯定会赶上去的。"

父亲讲的很多话即使到现在还是很影响黄西的，反正就这样，黄西一点一点学习成绩就好起来了，后来还考上了吉林大学。

1994年黄西争取了一个到美国留学的机会，到美国以后感觉周围很多的美国同学都显得非常乐观开朗，他们脸上总是带着自信的微笑，仿佛在说：这个世界是我的。

那时候黄西性格比较内向，不是很擅长表达，而且刚到美国，对周围的人和事不是很了解，更谈不上有自己的见解，当时确实有一种丧失自我的感觉，有一种被忽略的感觉。

记得当时有一天晚上，坐在门外，黄西想：我这一辈子绝对不会再到另外一个文化环境里去适应，这太艰难了。但黄西后来逐渐发现这些感觉不完全是由于文化差异引起的，有很多美国同学到了新的环境以后，也要经过这样一个不适应阶段，会有压抑，甚至是丧失自我的感觉。

后来黄西每当遇到事情不顺利的时候，总感觉自己以前经历过类似的情况，但想不起来是怎么应付过去的，所以就决心要写日记，这样的话将来可以参考以前的经验。

黄西以前没有写日记的习惯，但这次写日记就比较认真，记了几个月的日记。过了一年以后，黄西翻开日记看了一下，当时就感觉比较压抑，因为日记里边记起了很多对过去的懊悔，对现在的不满和困惑，还有对将来的疑虑。

黄西当时就在想，那时已经三十出头了，但自己不是一个非常成功幸福的人，人生不完美。但黄西后来又一想，不完美怎么了，没准人生就不应该是完美的，黄西到现在也没看见有一个完美的人，除了黄西太太以外。如果黄西等到自己成为一个自认为完美的人以后再享受生活的话，可能这一辈子都不快乐。其实追求完美是一个人的本能，但过分追求完美容易让你失去兴趣。

黄西记得小时候学过吉他，那时候老师花了很大的工夫来纠正黄西拿吉他的姿势，后来黄西就一点一点失去了兴趣。等黄西长大以后才发现有很多一流的吉他手，他们拿吉他的姿势就是黄西小时候拿吉他的那个错误的姿势。

黄西去美国，学的是生物化学，他当时做实验比较努力，而且读了很多文献。在一次开小组讨论会的时候，黄西有个想法，但他怕自己的表达能力不太好，所以就没讲出来。黄西就把他的想法给旁边一个美国同学讲了一下，这个美国同学把手举起来，把黄西的想法讲出来了，他还被教授表扬了。

只要有好的想法，一定要表达出来，不要太在乎自己英语的口音这方面的问题，"不完美怎么了"是一个态度，不应该是个目标。

从心态上来讲，黄西觉得幽默是面对人生不完美的最好的办法。不管你现在的状况多么困难，你总是有个选择，你是哭还是笑？你笑，这个世界就会和你一起笑。如果我们能用一种积极主动的态度来面对不完美的时候，就可能有一些意想不到的收获。

黄西在搞科研的时候,有一次做了一个星期的实验,那时候每天都要往200～400只非常小的青蛙卵里边注射DNA,然后每天晚上在床上躺着,一闭眼睛,看见的全都是青蛙卵,后来为了自娱自乐,黄西就在校报上写了一篇文章,有很多人看了文章以后跟黄西讲:"祝贺你,你还挺有幽默感的。"这是黄西第一次发现美国人也能理解自己的幽默感。

过了两年以后,黄西开始去单口秀俱乐部表演。开始的时候有很多俱乐部老板对新手特别粗暴,记得有一次,黄西给一个老板打电话,说能不能给他一个演出机会,老板让他过一个小时再打来。

黄西就把电话撂下了,等过了一个小时以后又打,那个人接了电话就冲黄西喊:"你是个什么东西,你是块手表吗?"

在美国很多单口秀俱乐部里,老板要求新手必须自带两名观众才能上台表演。黄西当时在波士顿举目无亲,为了争取演出的机会,有时候黄西在外边冒着大雪就问过往的行人想不想看单口秀。如果他们说想看的话,黄西就说你能不能进去告诉那个老板,说你是来看黄西表演的。

黄西就这么到处争取演出机会,表演了四五年,有很多从中国一起来的同学,不是很理解。有人说黄西是不务正业,还有人说你如果能够用英语把单口秀讲好的话,就把自己脑袋砍下来。

黄西就那么又坚持了大概五六年。2007年的时候,黄西做得特别不顺利,有好几个和黄西同时开始的美国同行已经上了电视。有一个美国喜剧界资深的人士跟黄西讲,他说:"是,你的笑话现在已经写得很好,讲得也不错,但是美国人不会对一个移民的故事感兴趣。"这话给黄西打击特别大,因为黄西意识到作为一个中国人,在美国做单口秀,不光要克服语言上和文化上的障碍,而且还要面临一个美国的主流社会能否接受中国文化的问题。

那个时候黄西的儿子刚出生,黄西就想放弃单口秀,然后把精力都集中在工作和科研上面,多赚点钱养家糊口,真有那么半年、一年就没上台表演。

2008年的时候,黄西的公司和哈佛大学有一个合作项目,黄西到了哈佛大学一看,已经有一些中国人成为哈佛大学的教授了。黄西那时候就有一个想法,觉得科学界里边不缺黄西这么一个中国人,但喜剧界里边确实一个中国人都没有。

虽然做得不是很完美,黄西认为还是应该继续做下去,这么做下去还是有点意义的,因为黄西确实有个故事要讲。在美国很多移民的故事是通过第二代、第三代移民来讲自己父亲和祖父的事情,很少有通过第一代移民来直接讲自己经历的,所以从那以后黄西就重返单口秀俱乐部,当时一心想把笑话讲好,他不太在乎自己的能力或客观条件,只要自己想做的事情或者是有意义的事情,他就一个劲儿地要做下去。

黄西那时候就是白天去实验室里边工作,晚上去酒吧里讲,去俱乐部里讲,去剧场里讲,后来一路讲到美国深夜收视率最高的"莱特曼秀"。

人无远虑，
必有近忧

每一个人都应该对自己的生活负完全责任，你现在的处境正是你自己造成的。 现在生活不得意，人生不快乐，你不要抱怨，要抱怨就抱怨你自己，为什么不主动努力呢？ 难道你身边没有比你起点还低但最终取得成功的人吗？ 与他们比较一下，难道你不应该抱怨自己吗？ 上天是公平的，只有付出才能有回报，只有艰辛地努力了，才能最终享受人生。

成功的确困难，但不成功会遇到更多的困难。 没有成功你就不会有好的回报，生存的压力就会围绕着你，你每天就会为无数的烦琐小事烦恼，会为饭碗烦恼，会为每天的菜价烦恼，会为寻找伴侣烦恼，会为孩子的前途烦恼。 如果你每天深陷其中，就会被这些烦恼所困扰，所支配；如果你从中跳出来，眼界更高一点，就会发现，只要成功了，这些烦恼也就迎刃而解了。

成功很难，但不成功更难。 成功的难是干大事的困难；而不成功的难，则是应付琐碎生活小事的困难。 那么，你更愿意面对哪一种困难呢？

其实人生就是一场战斗，因为胆怯、懒散而害怕人生的战斗，拒绝人生的战斗，随波逐流，其实是没有用的，你还会因为生存压力、生活需要，自然地逼迫自己参加人生战斗，结果当你被动地接受这场战斗时，很可能会成为一个战败者。还不如主动出击，选择有利于你的人生战场，去打一场真正的你选择的人生战争，去争取胜利。

别拿自己太当回事

因为年轻,所以自信,甚至自大,很多人都有心高气傲、桀骜不驯的架势。因为我们把自己太当回事了,我们太把自己看成什么了不起的人物了,所以在骄傲自大中被社会遗弃。因此,更多的时候,我们不要把自己看得太高,不要太把自己当回事。

卢梭说过:"伟大的人是绝不会滥用他们的优点的,他们看出自己超过别人的地方,并且意识到这一点,然而绝不会因此就不谦虚。他们的过人之处越多,他们越能认识到自己的不足。"

现在似乎是个崇尚张扬的年代,殊不知,这其实是个阴险的陷阱。

"木秀于林,风必摧之;行高于众,人必毁之""出头儿的椽子先烂""枪打出头鸟",讲的都是这个道理。还是低调点好。低调,不但是品格,也是生存的策略。

太把自己当回事,有时反而会自讨没趣。

一个人，只有在他擅长的领域才能取得一定的成绩，并赢得一部分人的尊敬；而在不认识他的环境里，他和普通人没有什么两样。所以，当一个人取得一点小小的成绩时，没必要趾高气扬，要懂得谦逊，要懂得自敛，越是谦卑的人越会得到别人的尊敬。

欲成事者必须要宽容于人，然后为人们所悦纳、所赞赏、所钦佩，这正是人能立世的根基。根基坚固，才有繁枝茂叶、硕果累累。倘若根基浅薄，便难免枝衰叶弱、不禁风雨，而低调做人就是在社会上加固立世根基的绝好姿态。低调做人，不仅可以保护自己，融入人群，与人和谐相处，也可以让人暗蓄力量，悄然潜行，在不显山露水中成就事业。

太把自己当回事的人，一般都有着一种叫"自恋"的心态。自以为很了不起，不能正确看待自己，不知"人外有人，天外有天"的道理。殊不知，你是能人，还有比你更有能耐的人；你是领导，当然还有比你更大的领导。什么好事不可能都落你一人头上。可这种人并不知道其中的道理，总认为好事就应该有自己的一份，一定要去争、去抢、去夺。争不到名，夺不到利，就会陷入一种极端的心态，进入一种误区。

每个人都希望得到他人的肯定及认可，谁也不愿意被漠视或遗忘。然而，如果一味地目中无人、狂妄自大，太拿自己当回事儿，除了让人增加反感外，没有益处。

太把自己当回事，就会生出许许多多的烦恼，导致心态上的失衡，"别人有，我为什么没有；别人行，我为什么不行；别人涨工资了，我为什么没涨；别人升职了，我为什么没升"等，于是就苦恼，就怨天尤人，就牢骚满腹。于是，生活中就会时时提防着别人，害怕别人超越自己；工作中处处抬高自己，压抑、贬低别人。有时为达到不让别人超越的目的，就会不择手段地伤害别人。有句诗说得好："扫除烦恼须无我，各有因缘莫羡人。"凡事不可强求。由此去想，我们就应该看自己的条件，找自己的位置，不要头顶着乌纱帽，就把尾巴翘到天上；不要干出点成绩，有了些功劳，就目空一切，眼中无人。

或许你现在已经是事业有成，在商界已闯出一番天地，已经有了一定的知名度；或许你现在是一位已经出了好几本书的作家，甚至已经有了一定成就，可是，你知道吗？这样的显赫身份只是在属于你的世界里，在你认识的人群里，你是鹤立鸡群，你是风光无限，但在不属于你的世界里，在不认识你，也觉得没有必要认识你的人群里，你普普通通，什么也不是。那些和你无关的职业人不会知道你是谁；那些和你没有一点关系的人不清楚你是谁，也不想知道你是谁。

每个人都会在不同的场合、不同的时间与地点听到掌声与恭维，遇到这种情况的时候，有些人会坦然处之，报之以淡淡的微笑；有些人却会腾云驾雾，仿佛自己真的就高人一等。你要知道，你打动别人的有时只是一句善意的关心，或者说是一种单纯的可爱，或者只因你的某种表现正是别人所需要的，所以他送给你最真诚的赞美。

当所有人都拿我当回事的时候，我不能太拿自己当回事；当所有人都不拿我当回事时，我一定要瞧得上自己。这就是淡定，这就是从容！

今天所做的一切
相加就等于未来

1993年7月14日上午，32岁的陈虻走进一间简陋的办公室。

他被介绍给大家：这是《生活空间》的第三任制片人。

那时，《东方时空》开播刚两个月，喷薄欲出的劲头势不可当。但定位为服务性栏目的《生活空间》却有点找不着北。陈虻来的当天，一档教人做西瓜盅的节目正在忙着编后期。节目的编导告诉陈虻：之前我还教人熬过粥。

也就是在这一天，陈虻提出：《生活空间》还是要做服务，但要服务于人们的精神需求。在此之前，他已经在央视工作了8年。上述表态，应该与陈虻这8年的经历、思考和准备密不可分。

陈虻是一个工科学生，在新闻、广电科班出身又强手如林的中央电视台，脱颖而出。

生命需要保持一种激情，激情能让别人感到你是不可阻挡的时候，就会为你的成功让路！一个人内心不可屈服的气质是会感动人的,并能够改变很多东西。

在20世纪80年代初,大学毕业生的就业与工作,还处于计划分配、组织安排的状况。陈虻却执着地自我选择,运作成功了此生唯一的一次跳槽。

1985年1月,一纸调令,将24岁的陈虻从航天工业部团委调入了中央电视台专题部。

这次跳槽,不仅意味着转行,更意味着舍弃:在原来工作的单位,这位年轻的共产党员曾被告知:"你是我们这里画了圈的人。"

"什么叫画了圈的人?"陈虻问。

"哈工大分来的10个学生中,有两个被圈定为部里的培养对象,你是其中之一。"

干部梯队的格局如此明朗,陈虻只需拾级而上。

但内心的激情,生命的热血,却在告诉他:这不是你要的,不是你喜欢的。

陈虻从小热爱艺术,骨子里是个文艺青年。四五岁的时候,父亲陈列教他背诵唐诗宋词:"记性真好,只要带着读两三遍,他就朗朗上口。"

在小学、中学同学的回忆中,陈虻多才多艺,一直是校园内外各种会演、文艺活动中的小明星。到了大学,他指挥的大合唱、他的琵琶独奏、他创作并表演的配乐诗朗诵、他创作编导并表演的小话剧,都曾屡屡为他所在的精密仪器系赢得哈尔滨工业大学全校文艺会演一等奖。

母亲杨青记得:还在读高中二年级的时候,陈虻就去报考过北京电影学院。临出门,母亲往他的书包里塞了一瓶水、四个他爱吃的豆包。结果没有考上。第二年，陈虻的10个报考志愿都填上了北京以外的大学。他想离开身边熟悉的环境，去感受一种新的生活。他被哈尔滨工业大学录取。

离家前还有些不甘心，他问母亲：学完理工科还能搞文吗？4年以后，母亲收到陈虻毕业后从学校寄回家的一大箱子书，打开，眼里一热：除了很少部分光学专业书，赫然入目的全是文学和哲学的世界名著。

当年的校友尹海洁，被陈虻称为尹姐，同为工科院校里不多的文学青年。回忆他们如饥似渴狂热读书时，她说：每次在食堂排队买饭，等着炒土豆、炖白菜，我们都抓紧一切时间，在交流读书心得。

上大四的时候，陈虻回到北京实习，一个偶然的机会，他到了中央电视台，从小到大一直朦朦胧胧的搞文艺的念头突然清晰起来，化作了一幢大楼、一间间编辑室、一个个可以踏踏实实做电视的位子。

从到航天部上班的第一天起，他就在设计怎样才能尽快地调出去。他说："我当时脑子里有两条路：一条是不好好干，给你们捣乱，那么我要走就没有人会留我了。还有一条是好好干，干得非常出色，让你们觉得我这个人值得尊敬。你们尊敬我，也就会尊重我的愿望，然后，我说服你们。"

他选择了后一条路，开始玩儿命似的工作。航天部机关团委经常需要组织大型活动，这正好应了陈虻的长项：国庆35周年天安门广场联欢，国家机关50多个部委的3600名青年排练集体舞，初练时场面一片混乱。陈虻临阵受命，当了总指挥。站到高高的主席台上，只见他环顾四周，利落地挥动手臂，果断地喊话下令，台下很快就秩序井然，起舞翩翩。

团中央组织中日青年联欢活动，陈虻忙碌在会务第一线，办公室里一住就是八九天，从票务、交通到演出，一切安排得有条不紊。几件大活儿都干得利落、出色，团中央发现了这个好苗子，准备把他调上去。

时机到了。陈虻抓住这个可能有所松动的节骨眼儿，开始逆向实施自己的调动计划。他一级一级地找领导，不辞辛苦，不厌其烦，反复陈述自己的愿望："我想去中央电视台。"听从内心的召唤，找到自己生命中的最爱，这是陈虻毅然改行的唯一理由。

留在书面材料里，也是一行直白、朴素的文字：

在中央电视台专题部，他进的第一个栏目组是《人物述林》。到这个栏目组的头三年，陈虻没有具体分工，每天上下班，与在航天部当团委干部时的反差犹如天上地下。他后来说："当年我干的工作就叫'打杂'。主要任务是领肥皂、毛巾，拿报纸、干杂务。谁在外面拍片子磁带不够了，一个电话回来，我就扛几箱带子，买张站台票送过去。谁的钱不够了，我就负责跑邮局寄钱。"

有心人即便打杂，也不忘学艺。当给摄像师扛机器时，陈虻说："趁卸架子的工夫，我瞅一眼取景器的构图。晚上别人休息的时候，我偷偷拿摄像机比画比画。后来还渐渐试着给摄像出点主意，给导演提点结构上的建议。"

跟在剧组后边扛大箱、接电线的那个阶段，陈虻有一次被分配给日本NHK电视台当剧务，拍一部关于亚洲住房的专题片。他把这个机会当成上一次培训班，每天张罗琐碎事务的同时，他默默地观察这部专题片的每一个生产环节，记下了日本人怎么做前期、怎么做调查、怎么选择被拍摄对象和现场，还有每晚怎么做案头工作。

有个圈内人指点陈虻："你进电视台要先学会拍照片。"他立马就把结婚的金戒指卖了，还卖了一个小录音机，凑足钱买回一台佳能照相机。十多年以后，在给《纪事》栏目组讲课的时候，陈虻谈起这段往事："家里什么都没有了，一贫如洗。但我有了相机，天天在马路上咔嚓咔嚓拍照，回家自己冲胶卷，琢磨构图、用光、景深。"

机遇总是青睐有准备的人。进入栏目组的第三年，一天下午，陈虻在办公室值班，领导大步闯进来："有个紧急任务。"他环顾四周，没有别人，就对陈虻说："交给你吧。明天上午9点30分在钓鱼台国宾馆采访哈默。你知道谁是哈默吗？"

《中国青年》杂志记者王振宇、《劳动报》记者费凡平在当年采访陈虻的报道中，都曾描述过这段故事：

陈虻脑子"嗡"地一下：哈默是谁？第六感觉告诉他，把他撞"嗡"的不是哈默，而是机会。他迅速回答："知道。"领导说："那好，明天9点，把采访提纲带上，我们准时出发。"

时间已经是下午4点。陈虻起身蹿了出去，如果抓紧时间，如果图书馆还没有关门，一切都还来得及。第二天，他们顺利地采访了哈默。收工的时候，领导叫住陈虻，把13分钟的素材带交到他的手上，只留下一句话："做一个10分钟的节目"。

对于一个10分钟的专访节目来说,这点素材只是杯水车薪。离播出还有两个星期,陈虻跑遍了北京城所有能够找到哈默资料的地方,文字的、图片的、影像的,一一搜罗到手。解说词只需要几百字,但陈虻字斟句酌,整整写了三天。把它交上去的时候,陈虻的手都在发抖。

《中国青年》杂志记者王振宇记录了这样一个细节:2002年他采访陈虻的时候,已经距离这个节目拍摄过去14年了,但陈虻还能准确地背出几百字的解说词。

陈虻成功了。美方也很满意。不久,美国西方石油公司决定邀请一个摄制组赴美拍摄哈默的人物传记片,点名要的就是陈虻这个摄制组。

在美国整整拍摄了一个月。回国做后期时,陈虻请赵忠祥做解说,第一次做完以后,赵忠祥对陈虻说:"这片子太好了。我又找到新的感觉了,我要重新配一遍。"

《勇敢的人——哈默》是陈虻拍摄电视人物片的处女作,也是代表作。他采用了一种新的结构方式,把最新的新闻时事镜头与过去的历史镜头平行剪接,他说:"利用结构的力量,构成时空的张力,展现人物的变化。"

努力不是成功的根本。想成功的人都很努力,但成功的人往往只有一小部分。倘若你努力,但你的观念是错误的,很可能离正确的方向越来越远,所以重要的是观念。而认识观念、改变观念完全是由思维方式决定的。

陈虻是学理工科的。他后来接受采访的时候,有过这样一段关于文理科的对话:

我今天从事的职业,和大学所学的相差真的很大。我觉得人要有两方面的能力,一般来说更注重一种知识的积累,而与知识相比,有一个更需要注意的,那就是思维方法,包括你接受新知识的能力,包括你判断和处理信息的能力,它应该比知识更重要。大学四年的学习,教给了我怎样从已知推导出未知,教给了我怎样用一种科学、严谨的态度工作。这些东西潜移默化地深入到我的血液里,无论从事什么工作,也不管处在什么职位,它都会打上烙印,无法抹去。

我爱
当我自己

  人生的过程中尽管不无遗憾,逆境和挑战只要能激发起生命的力度,我们的成就将超乎自己的想象。 人生的价值不仅需要重视结果,奋斗过程也同样重要。

  苏东坡曾说:"食无肉,病无药,居无室……"生活所需全部欠缺。 李嘉诚说他小时候比苏东坡这句话的生活条件更苦,在这艰难阶段,他在品格个性、能力、情感与志趣的探索里找得快乐的滋味。

  如果一切有机会从头再来,命运会如何不同? 人生充满着很多"如果",转折点比比皆是,往往也不由我们控制。

  如果战争没有摧毁李嘉诚的童年,如果他的父亲没有在他童年时去世,如果他有机会继续升学,李嘉诚的一生将如何改写? 他对医学知识如此热诚,他会不会成为一名医生? 他对推理与新发现充满兴趣,会不会成为一个科学家?

  这一切永远没有答案,因为命运没有给我们另类的选择。

李嘉诚成长的年代，饥饿与疾病的恐惧是强烈的。没有人愿意贫穷，但出路在哪里？

当年14岁时已需要照顾一家人，没有接受教育的机会，没有可以依靠的人脉网络，他很怀疑只凭刻苦耐劳和一股毅力，是否足以让自己渡过难关？一家人的命运是否早已注定？纵使能糊口存活，但能否有出人头地的一天？

李嘉诚迅速发现没有什么必然的成功方程式，首要专注的是，把能掌控的因素区分出来。"如果成功是我的目标，驾驭一些我能力内可控制的事情是扭转逆境十分重要的关键。要认清楚什么是贫穷的枷锁——一定要有摆脱疾病、愚昧、依赖和惰性的方法。"

无论在言谈、许诺及设定目标各方面，李嘉诚都慎思和严守纪律，一定不能给人脆弱和倚赖的印象。这个思维模式不但是对成就的投资，更可建立诚信。你的魅力，表现在你的自律、克己和谦逊中。

所有这些元素连接在一起功效非凡：它能渐渐凝聚与塑造一个成功基础，帮助你应付控制范畴以外的环境。当机遇一现，你已整装待发，有本领和勇气踏上前路。纵使没有人能告诉你前路是怎样一道风景，生命长河将流往何方，然而，在这个过程中，你会领悟到丘吉尔多年的名言："只要克服困难就是赢得机会。一点点的态度，但却能造成大大的改变。"

人生
几度秋凉

苏轼,一生频遭贬谪,历经八州,走过无数穷山恶水,却总是那样的淡泊从容。回顾苏轼的一生,几多风雨,几多坎坷,然而在让他几乎丧命的逆境之中,他也仍然保持着坚贞的气节和独立的人格,绝不随波逐流。伴随命运的多舛,苏轼的文风却越见豁达。他说:此心安处是吾家。

苏轼少年时因为聪慧,常常受到师长的夸奖。于是颇为自负地在房前贴了一副对联:"识遍天下字,读尽人间书。"后一白发老妪拿一本深奥古书拜访,苏轼却不识书中的字,老妪借此婉转地批评了苏轼的自大。后来苏轼把对联改为"发奋识遍天下字,立志读尽人间书",用以自勉,从此传为佳话。

在父亲苏洵游学四方时,苏轼的母亲程氏便亲自教苏轼、苏辙兄弟二人读书。有一天读到《后汉书》中的《范滂传》,作为汉朝官员的范滂,办案铁面无私,因此得罪了奸党而被陷害入狱。抓走时,他的母亲大义凛然地为他送行,并向范滂说"一个人，既要追求留名千古，又要追求长生富贵，怎么可能？ 你为了理想舍弃了自己的性命，母亲支持你。"苏轼读到这里时问程氏："如果我以后以范滂为人生的榜样，母亲会同意吗？"程氏听了，放下书毅然决然地回答："如果你能成为范滂那样的人，我就不能成为范滂母亲那样的人吗？"

学而优则仕。 才华出众的苏轼经过十几年的历练之后，终于开始向仕途进发了。 1057年，21岁的苏轼首次乘船赴京参加朝廷的科举考试，中途遇到风浪，因延误了考试的时辰而不许入内。 主考官听了苏轼的诉说，顿生恻隐之心，便出一联让他对，若对得出，便许诺让他考试。 主考官出的上联是："一叶小舟，载着二三位考生，走了四五六日水路，七颠八倒到九江，十分来迟。"苏轼思索片刻便对出下联："十年寒窗，读了九八卷诗书，赶过七六五个考场，四番三往到二门，一定要进。"有情景，有经历，曲折而不呆板，视为巧对。 随后，苏轼走进了考场。

第二年，苏轼参加了礼部的考试，以一篇《刑赏忠厚之至论》获得主考官欧阳修的赏识，他被苏轼华丽的文风所倾倒，理应评为第一名，却因为欧阳修误认为是自己的弟子曾巩所作，为了避嫌，使他只得了第二。 到发榜时，欧阳修知道文章作者是苏轼时后悔不已，但苏轼却不曾计较。 苏轼的大方气度和出众才华让欧阳修赞叹不已，并正式收为弟子。 苏轼从此名扬天下。

苏轼入朝为官之时，正是北宋开始出现政治危机的时候，繁荣的背后隐藏着危机，此时神宗继位，任用王安石主持变法。苏轼因在新法的施行上与宰相王安石政见不合，被迫离京前往杭州。变法失利后，王安石又在元丰年间从事改制。就在从变法到改制的转折关头，发生了"乌台诗案"。有人故意把苏轼的诗句扭曲，以讽刺新法为名大做文章。1079年，苏轼因为"文字毁谤君相"的罪名，被捕入狱。在坐牢的103天中，苏轼几次濒临被砍头的境地。

苏轼写《狱中寄子由》说"梦绕云山心似鹿，魂飞汤火命如鸡"，无比凄惨。审讯者常对他通宵辱骂。巨大精神压力下，苏轼写下了"与君世世为兄弟，再结来生未了因"的悲惨诗句。宋神宗读到苏轼的这两首绝命诗，感动之余，也不禁为苏轼的才华所折服。加上当朝多人为苏轼求情，"圣朝不宜诛名士"，神宗遂下令对苏轼从轻发落，贬其为黄州团练副使。轰动一时的"乌台诗案"就此销结，而苏轼的这两首"绝命诗"也广为流传开来。

到黄州之后，苏轼受到赤壁风月的感染，写出了《赤壁赋》《后赤壁赋》《念奴娇·赤壁怀古》等传诵千古的文学名篇。此时的苏轼站在赤壁之下，却登上了文学之巅。

苏轼满腔的报效祖国的热血被当权者破坏殆尽，他被一贬再贬，从京城到黄州，到密州，到杭州，到惠州，甚至到了当时荒凉的海南。但他却执着地挂念天下苍生，为官一任，造福一方：在密州，他上表减免赋税，开仓赈济灾民，鼓励恢复生产，救助收养孤儿；在杭州，他带领当地百姓疏浚西湖，筑堤引水，为西湖再添"苏堤春晓""六桥烟柳"两道亮丽的风景……苏轼，他尽到了一个朝廷命官的职责。

在海南，白发苍苍的苏轼面临着"六无"的困窘："食无肉,病无药,居无屋,出无友,冬无炭,夏无寒泉",但并没有绝望悲观,还调侃说:"尚有此身,付与造物,听其流转,流行坎止,无不可者。"对于当地无医无药的困境,他写信给朋友,幽默地说:"每想到京城无数人丧命于庸医之手,我就备感庆幸。"

多舛的命运和人生路途的风雨飘零,并没有让苏轼高尚的人格遭到一丝磨灭,相反,在不可避免的痛苦之后,他依然还拥有着一分宁静如月、旷达如风的难得心境。

PART 03

所有让你激动的梦想,
终有一天会实现

要想成功
就必须把眼光放远

本田汽车能够有今天的光景，可以说全是本田宗一郎个人始终凭着决心和毅力，不畏艰难所造就的。本田先生深知所做的决定或所采取的行动有时候只够应付跟前的状况，然而要想成功就必须把眼光放远。

1938年本田先生还是一名学生时，就变卖了所有家当，全心投入研究制造心目中认为理想的汽车活塞环。他夜以继日地工作，与油污为伍，累了倒头就睡在工厂里，一心一意期望早日把产品制造出来，以卖给丰田汽车公司。为了继续这项工作，他甚至变卖妻子的首饰，最后产品终于出来了并送到丰田去，但是被认为品质不合格而打了回来。为了求取更多的知识，他重回学校苦修两年，期间经常为了自己的设计而被老师或同学嘲笑，讥为不切实际。

他无视这一切，仍然咬紧牙关朝目标前进，终于在两年之后取得了丰田公司的购买合约，完成他长久以来的心愿。他能如此，全因为清楚知道所追求的目标、拿出行动、密切注意成效、适时调整不当之处，直至达成目标为止。但此后一切并不是一帆风顺，他又碰上了新的问题。

当时因为日本政府发动第二次世界大战而导致一切物资吃紧，禁卖水泥给他建造工厂。他是否就此放手了呢？没有。他是否怨天尤人了呢？他是否认为美梦碎了呢？一点儿都没有。相反地，他决定另谋它途，他和工作伙伴研究出新的水泥制造方法，建好了工厂。战争期间，这座工厂遭遇美国空军两次袭炸，毁掉了大部分的制造设备，本田先生是怎么个作法呢？他立即召集了一些工人，去捡拾美军飞机所丢弃的汽油桶，称其为"杜鲁门总统所送的礼物"，因为日本战时十分欠缺各种物资，而这些汽油桶刚好提供了本田工厂制造用的材料。在此之后他们又碰上了地震，夷平了整个工厂，这时本田先生不得不把制造活塞环的技术卖给丰田公司。

本田先生清楚知道除了要有好的制造技术，还得对所做的事深具信心与毅力，不断尝试并多次调整方向，虽然目标还不见踪影，但他始终不屈不挠。

第二次世界大战结束后，日本遭遇严重的汽油短缺，本田先生根本无法开着车子出门买家里所需的食物。在极度沮丧下，他不得不试着把马达装在脚踏车上，他晓得如果成功，邻居们一定会央求也给他们装部摩托脚踏车，果不其然，他装了一部又一部，直到手中的马达都用光了。他想到何不开一家工厂，专门生产所发明的摩托车，可惜的是，他欠缺资金。

他一如既往地，决定无论如何要想出个办法来，最后决定求助于日本全国 18000 家脚踏车店。他给每一家用心写了封言辞恳切的信，告诉他们如何借着他发明的产品，在振兴日本经济上扮演重要角色，结果说服了其中的 5000 家，凑齐了所需的资金。

然而当时他所生产的摩托车既大且笨重，只能卖给少数死硬派的摩托车迷，为了扩大市场，本田先生动手把摩托车修改得更轻巧，一经推出便赢得满堂彩，因而获颁"天皇赏"。随后他的摩托车又外销到欧美，赶上了战后的婴儿潮消费者，20 世纪 70 年代，本田公司开始生产汽车并获得佳评。

今天，本田汽车公司在日本及美国共雇有员工超过十万人，是日本最大的汽车制造公司之一，其在美国的销售量仅次于丰田。

最绝望无助的日子

从小就有人说他不行，连他母亲都说过："他小时候确实没有表现出多少篮球天赋，除了长得高以外，几乎什么都不好，看上去胖胖的，跑跳能力也不强。"一位篮球专家在姚明十一二岁时寻宝一样地到上海看过姚明，他让胖乎乎、一米九的姚明比画了几个动作，就开始摇头，毫不掩饰心里的失望。可能这位专家忽视了一个孩子感知世界的程度，姚明记得那一幕："我忘了他跟我说过什么，反正没几句，我就记得他对我没什么兴趣。"

少年时，他也不是最突出的。17岁，他去巴黎参加欧洲篮球训练营，同去的中国少年还有来自辽宁的金立鹏和八一队的陈可。回想多年前的往事，他母亲说："我记得金立鹏打得特别好。"那一年，金立鹏是训练营的最佳得分后卫。又过了一年，姚明去了美国，晃晃悠悠地去了很多城市，打了很多比赛。后来带他们去的上海队领导先离开，只给他们留下很少一点儿盘缠，他和队友刘炜靠着酒店的免费早餐和麦当劳最便宜的汉堡生熬,后来借了一个美国教练100美金。成名后,姚明还记得这事儿,说找机会一定把钱还给人家。

去美国前,他得先在中国联赛成功。 那时候八一队是霸主,2002年4月20日的那个雨夜,八一主场宁波雅戈尔球馆被姚明率领的上海队攻陷了。

2002年,姚明以状元秀身份加入休斯敦火箭队,从中国到美国时还是个孩子,脸上挂满青涩,高高瘦瘦的,仿佛一根电线杆子。 那时候,他还不能用英语与人正常交流。2002年10月的休斯敦国际机场,火箭队给他专配的翻译和工作人员一起等待着,看到身穿土黄色西装、因长途飞行头发胡乱翘起的姚明,他们如释重负地笑了。

状元秀到了,火箭心里踏实了,可姚明的心还悬着。 那时候,没人可以清楚预测这位少年能否在动物凶猛的联盟中生存下去,包括他自己。

2008年夏天,他带领国家队在北京、在家门口杀进奥运八强。 他说:"那将是我一辈子最宝贵的财富。"

姚明的左脚脚踝被钉入三根钢钉。 看第二个医生时,他听到这样的建议:"做脚踝重建手术吧,如果仅植入钢钉,治标不治本。一旦复发,会更严重。"重建脚踝,意味着改变脚踝的物理结构,让原本承受巨大压力的那块小小骨头不再背负重压。 姚明听完一哆嗦,赶紧摇头。 他说:"听医生说说我都觉得恐怖。"

时光飞逝,七年过去,姚明,一个美国文化的外来者,终于成了火箭队的领袖。 和七年前相比,火箭队大换容颜,除了姚明,从主教练、球员到球队工作人员都换了新面孔。

姚明则越来越壮,越打越好,变成了火箭的根基。七年过去,懵懂、瘦弱、不知所措的少年不见了,一位目光坚韧、满脸皱纹与伤痕的领袖站在了火箭队最前头。

可有些事,真就躲不过。

2009年初夏,他又带着火箭队杀进季后赛,迈过第一轮,好像推开一扇门,一番新世界在他眼前展开。

一步一步地,姚明似乎往一个更高的山峰稳稳迈过去。

可咕咚一声,他跌落到最低点。

就算经历过这么多难事儿,也没有任何一件让姚明心生绝望,让他在29岁就离开深深热爱的球场,让他瞬间陷入不知所措,不知道在余下漫长的生命中自己该做点儿什么,能做点儿什么……

现在,重建手术变成了首选答案,他知道那意味着什么。这是姚明生命中的大事,是医生要好好准备的大手术,也是可能影响火箭队历史的大转折,没人敢轻易决定。姚明只好接受检查。

他乐观过,说:"也许打上石膏,挂着拐杖静养三个月也能好。医生说了,脚部的血液循环没有问题,就是有希望的意思。"

很快,他就把自己的乐观推翻了:"可等上三个月,肌肉一定会萎缩,医生说可能会影响手术的效果,那就麻烦了,相当于错过了手术的最佳时机。"

他试着想点儿高兴的事儿:"至少要休息一年,唉,也是好事儿,这么多年,从来没这么闲过。赛季打NBA,到了夏天打国家队,这回好了,逼着我一次歇足,把之前的那点儿假都给补上。能在国内踏踏实实地过上大半年，也算有得有失。"

可说着说着，他又发现自己根本不是个能歇的人："一想到要这么久打不上球，我就浑身难受，这么过了十多年，突然停下来，迷失了。"

他想到了退役，连续几年，他伤怕了："我不想拼了，得留着身子骨，以后跟我孩子一起打打球，享受天伦之乐。"

不止他一个人这么想，太太和父母都这么劝他。他们看到的姚明与外人不同，别人享受姚明扣篮的激情与振奋，他们想到的是姚明手腕砸在铁质篮筐上的疼痛。别人看到的是姚明振臂一呼，应者云集，是千万美元的年薪，是他的诙谐幽默、风趣机智，他们看到的是姚明脑袋上缝的七十多针，是他拄着拐杖蹒跚挪步的辛苦，是饭桌上看着别人大鱼大肉，自己嚼两根青菜减肥的无奈……

姚明说："真的，我心里不止一次地跟自己说过，再受伤，退役算了。"

他问自己，想干的事都干完了吗？打完 2008 奥运会，好像国家队的任务已经完成了。他说："心里空空的，有点儿失落。我人生中最重要的一个目标完成了，可那之后呢？人要是没了目标，是很可怕的，我跟自己说，得定新的目标，有了目标，就有冲劲儿了。"

琢磨了半年，他找到好多目标，他说："该给火箭一个交代了，打了这么多年 NBA 还原地踏步，说不过去。"他还说："如果国家队能培养出新人，打进 2012 年伦敦奥运会，我可以考虑去，那就不再是只靠我一个人了，我们可以往更高的目标冲。 我还可以在伦敦大桥上拍张照片，就找我父亲当初拍照的那个位置。"

煎熬着等医生宣判时，他总在网上翻新闻，找图片和视频看。 他看到北京奥运会上自己激动得涨红脸颊，挥臂吼叫，看到从2002年到2009年，自己的胳膊一天比一天粗，肩上的担子也一天比一天沉，也终于迈过了季后赛第一轮的坎儿。 看这些，他会笑，可视线一移开，面色就立刻沉了下来。 在事业、家庭、祖国、荣誉、健康、冒险、退役中，他的思路来回跳跃，不知道何处是归宿。

福祸相依，2009年的初夏，是姚明NBA生涯迄今为止最辉煌的日子，左脚舟骨上一道细如发丝却久久不愿愈合的裂痕，让姚明如坠冰窖。 姚明就这么孤独地待在家里，他的生活陷入无限的未知，他说："就跟在大海上漂浮的草一样，不知道什么时候就会被吞没。"

这是二十多年来，他最绝望、最无助的日子。

兴趣
是动力的源泉

安迪·鲁宾是美国科技界炙手可热的人物，他开发的 Android 手机系统是这个星球上当今最火热的发明之一。在 Android 系统的猛烈冲击下，全球手机市场重新洗牌，诺基亚、索尼等老牌手机巨头日落西山，来自台湾的 HTC 借势而起，摩托罗拉、三星再现峥嵘，苹果公司遭遇挑战……

作为 Android 之父，安迪·鲁宾最显赫的身份是谷歌副总裁，甚至可以说，他是改变全球 IT 产业格局的人之一。在 IT 发展史上，Android 的作用甚至可以与 Windows 媲美，正如当年微软在 PC 市场的崛起一样，凭借 Android 系统的迅猛发展，谷歌在平板电脑、智能手机等领域抢滩登陆。而安迪·鲁宾与比尔·盖茨相提并论，就连史蒂夫·乔布斯生前都对他敬畏三分。

抛开这些耀眼的光环，安迪·鲁宾的身份是发明家、硅谷极客、机器人爱好者、电子产品发烧友、30 余项专利的所有者，以及两家小公司的创始人。一步步走来，从一无所有到权倾天下。支配他不断前进的源泉，是骨子里对电子产品的热爱，是发明创造的本能。

1963年，安迪·鲁宾呱呱坠地。在他刚开始记事的时候，电子浪潮席卷整个美国，引发创业风潮，做心理学家的父亲改行经商，创办了一家电子产品直销公司。

在这样的家庭环境中，鲁宾比其他孩子更早、更多地接触到电子产品。父亲将最新的电子产品拍照建立产品目录，之后它们便统统成为鲁宾的玩具。鲁宾从小就被包裹在一个电子产品构成的奇妙世界里，他的卧室总是挂满了最新的设备，在潜移默化中，对电子产品的热爱深入至他的骨髓。

鲁宾在学生时代并不出众，就读的学校也属于普通院校。他在查帕瓜镇上的Horace Greeley高中读了4年书，1981年进入纽约一所私立大学尤蒂卡学院，花了5年时间才拿下计算机科学学位。

学院式的理论研究并非鲁宾的特长，商业性质的科学发明才是他的兴趣所在。1986年大学毕业后，鲁宾在世界上最古老的光学设备制造商，鼎鼎大名的卡尔·蔡司公司获得一份工作。由于自动化方面的特长，在卡尔·蔡司公司，鲁宾担任机器人工程师，后来被派遣到瑞士领导一项机器人项目。如果不是一次偶然的经历，他或许还要在这家德国公司打拼多年。

1989年夏天，鲁宾到开曼群岛度假。一天深夜，鲁宾遇到一个露宿街头的家伙，从衣着看此人并非穷困之辈。在好奇心的驱使下，鲁宾与他交谈，得知他被女朋友赶出住处，由于事出仓促，来不及准备钱财，一时间竟无处落脚，只能夜宿街头。鲁宾善心大发，为他找到住处。

感念之余，此人慷慨许诺，可以引荐对现状不满的鲁宾到自己所在的公司——苹果公司。

1989年，假期结束不久，鲁宾就成为苹果公司的员工。此时，苹果创始人史蒂夫·乔布斯已经被驱逐出去，担任首席执行官的是百事可乐原总裁约翰·斯卡利，在他带领下，苹果公司正四面扩张。

在那个年代，苹果公司是极客的天堂，发明家的乐园。财力丰盈的苹果公司鼓励技术创新和发明，并致力于将它们推向市场。同时，管理的散漫为奇思妙想提供了生存空间，催生出各种奇妙的点子。从呆板沉闷的德国公司跳槽到活力四射的苹果公司，鲁宾尘封的灵感被成功激活了。

在苹果公司，鲁宾参与了多项革命性产品的研发，其中包括世界上第一部无线PDA、第一个软Modem。可惜，从1989年鲁宾入职开始，苹果公司就开始走下坡路：管理上的弊端逐渐暴露出来，前景黯淡，财务堪忧，一些很好的创意得不到重视，许多工程师心生离意。

1992年，鲁宾从苹果离职，加入一家名叫通用魔术的公司。该公司前身是苹果通信设备部门，创始人是比尔·阿特金森、安迪·哈兹菲尔德和马克·波特。他们都曾是苹果员工，由于开发的手机项目无法获得苹果管理层的认同及资助，1990年从苹果脱离出来独立运营。到1992年时，已经在业界小有名气，与摩托罗拉、索尼、飞利浦等建立市场关系。

通用魔术公司的核心业务是智能手机操作系统，鲁宾之前曾参与这个项目并显示出了出色的研发能力，他的到来令公司实力倍增。 虽说是后来者，鲁宾的热情和投入丝毫不逊色于创业者。 他在办公室搭床，吃住都在那里，与马克·波特等人夜以继日开发 Magic Cap 系统。

1995 年 2 月，通用魔术公开上市，在投资者的追捧下，上市当天股价翻了一番。 然而由于 Magic Cap 系统过于超前，无论是以摩托罗拉代表的硬件厂商，还是 AT&T 等通信运营商都无法接受，通用魔术很快陷入绝境。 最后，创始团队不得不将公司转让给他人，逐渐转向其他领域，但鲁宾却在自己的兴趣驱使下不断前行。

专注于自己感兴趣的事情更容易成功

马克·扎克伯格于1984年出生在美国纽约州白原市的一个犹太人家庭，父亲爱德华·扎克伯格是一名牙医，母亲则是一名心理医生。

马克·扎克伯格从小就对电脑产生了浓厚的兴趣，在他10岁的时候，爱德华奖励给他一台电脑，于是他把大部分时间都花在了电脑上。

马克独自完成的第一个编程程序叫"扎克网"。这个软件程序可以将家里的电脑与诊所里面的几台电脑相互连接，这样家里人就可以和诊所里面的工作人员通过网络彼此发出信息。当时爱德华在家，如果诊所来了病人，只需要接待员发一个信息，爱德华就知道了。当然，一整套程序的编写，往往需要花费马克几天甚至是一周的时间来完成，长时间的枯坐、思考、反复调试，这些对于年仅12岁的孩子来说，无疑是巨大的挑战，可是马克却有着一股超过同龄人的毅力，有一种不达目的誓不罢休的精神。他总是能够把事情作出来，不仅是给自己看，也给别人看。马克在编写"扎克网"时所表现出来的耐性，让他发现了自己在编程方面的天赋，所以他更愿意为此投入，专注于自己感兴趣的事情。

马克的高中离家很远，是美国最著名的私立寄宿制中学之一的菲利普·爱斯特学校，这所学校也是世界上最富有的中学之一，拥有全球最大的图书馆和先进的计算机设备。

马克在进入精英云集的菲利普·爱斯特高中之后，选修了拉丁文，迷恋上了击剑，同时还和朋友一起研发了一款名为"Synapse"的 MP3 播放插件，这款软件能够分析使用者的爱好，并且能够自动生成播放列表。

Synapse 在当时来说绝对算得上是一款功能超强大的智能插件。而且，如此超前的软件，马克在当时并没有用它来赚钱，而是传到了网上供人免费下载。结果很快他和自己的朋友就被美国在线（AOL）和微软相中了，他们直截了当地告诉马克·扎克伯格："你可以来我们公司上班，你在这里继续做你自己喜欢的事情，我们非常喜欢你做的东西。我们可以为你提供 100 万美元的年薪！"

结果，马克却说："No！"

他拒绝了 100 万美元的年薪，选择去哈佛大学实现自己的人生理想。

虽然扎克伯格一直潜心研究的是计算机，但是当他进入哈佛大学之后，却出乎意料地选择了心理学。扎克伯格为什么会突然换了专业？原因是复杂的，也可以说是简单的。

虽然扎克伯格并不善于交流，但是他却很渴望与别人交流。扎克伯格认为，只有知道了别人的内心在想些什么，才能够很好地沟通交流，于是他就选择了心理学。虽然选择了心理学，但是他并没有放弃对于计算机的钻研。

等到了哈佛之后，扎克伯格想要做的就是将学校的花名册搬到网上，建立一个哈佛大学学生之间的交流网站。但是到了后来，让他没有想到的是，Facebook 不仅仅是哈佛大学生们的网上交流平台，而且成了世界上大多数人都可以注册的互动工具。

后来扎克伯格在回顾他创办 Facebook 的想法时，特别强调了自己关心的重点与 Google 的差异。

而在《纽约客》杂志上，扎克伯格说："Google 和类似的搜索引擎是将网上的所有信息做成索引，方便人们查询，而 Facebook 在于帮助人们相互了解各自心中在想什么。"

扎克伯格认为，这是比信息搜寻更加深入的做法。Facebook 可以把全世界的人更加紧密地联结在一起。换句话说，跟网上现成的信息相比，现在的人将更加关心周围的人内心深处的想法和信息。

扎克伯格创业成功了。

善于等待时机

在美国宾夕法尼亚州发现石油以后，成千上万人像当初采金热潮一样拥向采油区。一时间，宾夕法尼亚土地上井架林立，原油产量飞速上升。

克利夫兰的商人们对这一新行当也怦然心动，他们推选年轻有为的经纪商洛克菲勒去宾州原油产地亲自调查一下，以便获得直接而可靠的信息。

经过几日的长途跋涉，洛克菲勒来到产油地，眼前的一切令他触目惊心：到处是高耸的井架、凌乱简陋的小木屋、怪模怪样的挖井设备和储油罐，一片乌烟瘴气，混乱不堪。这种状况令洛克菲勒多少有些沮丧，透过表面的"繁荣"景象，他看到了盲目开采背后潜在的危机。

冷静的洛克菲勒没有急于回去向克利夫兰的商界汇报调查结果，而是在产油地的美利坚饭店住了下来，进一步做实地考察。他每天都看报纸上的市场行情，静静地倾听焦躁而又喋喋不休的石油商人的叙述，认真地做详细的笔记。

而他自己则惜字如金，绝不透露什么想法。经过一段时间的考察，他回到了克利夫兰。他建议商人不要在原油生产上投资，因为那里的油井已有72座，日产1135桶，而石油需求有限，油市的行情必定下跌，这是盲目开采的必然结果。他告诫说，要想创一番事业，必须学会等待，耐心等待是制胜的前提。

果然，不出洛克菲勒所料，"打先锋的赚不到钱。"由于疯狂地钻油，导致油价一跌再跌，每桶原油从当初的20美元暴跌到只有10美分。那些钻油先锋一个个败下阵来。3年后，原油一再暴跌之时，洛克菲勒却认为投资石油的时候到了，这大大出乎一般人的意料。他与克拉克共同投资4000美元，与一个在炼油厂工作的英国人安德鲁斯合伙开设了一家炼油厂。安德鲁斯采用一种新技术提炼煤油，使安德鲁斯—克拉克公司迅速发展。

这时，洛克菲勒尽管才二十出头，做生意已颇为老练。他欣赏那些得冠军的马拉松选手的策略，即让别人打头阵，瞅准时机给他一个出其不意，后来居上才最明智。他在耐心等待，冷静观察一段时间后，决定放手大干，取得了成功。

年轻
无极限

弗朗西斯是一个贫民窟长大的穷孩子,他的故乡是出了名的犯罪之都——马里兰州的塔克玛,那里距离华盛顿只有半小时的车程。

当弗朗西斯把青春期过剩的无法宣泄的精力纵情地挥洒在家乡简陋的室外球场上时,没有人给予他过多的重视,而他的母亲布兰达和他的两个哥哥特里和杰夫却表现出了异乎寻常的关注。

"我的家庭真是太棒了,他们三个整天盯着我,我无时无刻不在他们的'监视'之下,他们一致允许我去两个地方,一个是球场,另一个就是家。"弗朗西斯感动地说。

弗朗西斯第一次"触球"是他9岁那年,他的一个小朋友带他到当地的男孩俱乐部,在那里他第一次看到了真正的篮筐是什么样子。他穿着牛仔裤和学校统一发的鞋,因为家里买不起对于他来说已经算是奢侈品的运动鞋。就是这样一个小孩散发出来的灵性,一下就吸引了俱乐部里的篮球教练托尼·朗利，托尼邀请这个貌不惊人的小朋友来他的球队训练。很快弗朗西斯就开始了他每天课外6小时的正规篮球训练。朗利说："当时的他其实和别的小孩没什么太大的不同，唯一一点就是你永远能从他的眼中看到强烈的争胜欲望，无论在哪里他总是要成为最好的。"

但唯一遗憾的是：他并不拥有一副适合打篮球的好身板。"在篮球场上，他显得太小了。"他的哥哥特里说。

弗朗西斯进入布莱尔高中的时候身高仅有1.6米。那时他的身高成了唯一能够阻止他上场比赛的因素，一旦对手派上一个高大的后卫，教练就不得不把他换下场，就这样他也从未离开过球队，即使教练不让他上场，他也是球队中训练最刻苦的球员，那个赛季弗朗西斯仅仅代表球队出战一场，而且还不是作为主力控卫，而是作为在外围突施冷箭的三分投手。接下来的一年他又因为伤了脚踝休战了几乎整个赛季。

对于弗朗西斯来说，那并不是最糟的，更糟的情况发生了，母亲布兰达因为癌症离开了他，年仅39岁。"他几乎放弃了学业，而且他也拒绝训练，仿佛世界末日即将来临。那段日子，他好像是想与世隔绝，几乎令他失去了生活下去的勇气。"特里回忆当年。

接下来的那个秋天，一个好心的朋友替弗朗西斯申请到了康涅狄格大学预科班的机会，但是就算是学校提供了数额不菲的助学金，弗朗西斯还是负担不了高昂的学费。1995年11月，他不得不离开学校，再次返回了家乡塔克玛小镇。已经18岁的弗朗西斯仅仅打过可怜的一个赛季的高中联赛，但是他仍旧梦想着有朝一日能够进入 NBA。

"那就是我最想要的。"他说,"我做梦都想成为一名职业球员。"

为了实现心中的目标,在接下来的几个月里他开始在学校上课,继续他那荒废已久的学业,之所以这样做就是为了像其他同学一样完成高中课程以后,可以直接进入大学。另一方面,这个阶段他在球场上疯狂的表演几乎征服了所有见过他打球的人。此时,身高已经不能再继续限制弗朗西斯的发挥了,他的速度奇快,没有人能够防住他。

他的身高在短短的几个月内就增长了 20 多厘米,而腾空垂直高度更达到了惊人的 110 厘米,他骄傲地说:"虽然我不高,但是我能跳,这通常让我在球场上显得并不比别人矮。"

1996 年,他跟随马里兰大学预备队参加了 NCAA 19 岁以下预备年龄组的联赛。而且他也幸运地拿到了高中毕业证书。得克萨斯圣哈辛托青年大学的篮球队主教练一眼就相中了弗朗西斯这个可造之才,为他提供了全额奖学金,就这样弗朗西斯第一次踏上了得克萨斯的土地。在这里的一年时间里,他率领球队夺得了一项全国冠军,之后又返回了他的老家马里兰,进入了一所免学费的阿莱加尼社区大学打球,那里离他在塔克玛的家仅有 3 个小时的车程。

弗朗西斯说:"我离开得克萨斯的原因很简单,我患上了严重的思乡病。"来到一个新环境,弗朗西斯的表现愈加抢眼。头一个赛季他就交出了平均每场 25.3 分和 8.7 次助攻的成绩,正是如此优异的表现使他得以获得马里兰大学的全额奖学金，也使他能够进入这所他心仪已久的篮球名校中一展才华。

远在得克萨斯的时候，弗朗西斯就曾想过直接加入NBA的职业联盟中。但是他发现如果你并非出身于杜克、北卡、马里兰和乔治城这样的名门，你在NBA的发展之路将不会是平坦的，而且很有可能就是在替补与伤病名单里徘徊，最终把自己金子一样的职业年华耗尽。这当然不可能是弗朗西斯对于自己职业生涯的设想，于是他下定决心一定要登上NCAA名校的赛场，令自己的职业生涯始于一个相对高得多的起点。这就是为什么弗朗西斯像美国人换工作一样换了3个大学的原因。

弗朗西斯真正成为美国人心目中的天才还是NBA闹劳资纠纷的那一赛季，直到1月没有NBA比赛可看的美国人把目光完全投向了NCAA，那正好是弗朗西斯的舞台，而且他是当之无愧的主角。

梦想＋失败＋挑战＝
成功之道

洛克菲勒的儿子曾因投资失败而感到耻辱和羞愧，以致终日闷闷不乐、忧心忡忡。洛克菲勒则循循善诱地安慰他说：只要不变成习惯，失败是件好事。

一次失败并不能说明什么，更不会在你的脑门儿上贴上无能者的标签。这个世界上的每个人都没有顺遂的人生；相反，却要时刻与失败比邻而居。也许正因为这个世界上有太多太多无奈的失败，追求卓越才变得魅力十足，让人竞相追逐，甚至不惜以生命为代价。即便如此，失败还是要来。

我们的命运也依然如此。有些人把失败当作一杯烈酒，咽下去的是苦涩，吐出来的却是精神。

洛克菲勒曾信誓旦旦跨入商界，跪下来恳祈上帝保佑他新开办的公司时，一场灾难性的风暴便袭击了他。当时他们签订了一笔合同，要购进一大批豆子，准备大赚一把，但没想到一场突然"来访"的霜冻击碎了他的美梦，到手的豆子毁了一半，而且有失德行的供货商还在里面掺加了沙土和细小的豆叶。这注定是一笔要做砸了的生意。

洛克菲勒知道，他不能沮丧，更不能沉浸在失败之中，否则，就会离目标、梦想越来越远。天下没有免费的午餐，更不可能维持现状，如果静止不动，就是退步；但要前进，必须乐于做决定和冒险。

那笔生意失败之后，洛克菲勒再次借债，尽管很不情愿这么做。而且，为使自己在经营上胜人一筹，洛克菲勒告诉他的合伙人克拉克先生：我们必须宣传自己，通过报纸广告让我们的潜在客户知道，我们能够提供大笔的预付款，并能提前供应大量的农产品。结果，胆识加勤奋拯救了洛克菲勒，那一年非但没有受"豆子事件"的影响，反而让他们赚到了一笔可观的利润。

人人都厌恶失败，然而，一旦避免失败变成你做事的动机，你就走上了怠惰无力之路。这非常可怕，甚至是种灾难。因为这预示着人可能要丧失原本可能有的机会。

机会是稀少的东西，人们因机会而发迹、富有，有些穷人不是无能的蠢材，他们也不是不努力，而是苦于没有机会。

害怕失败就不敢冒险，不敢冒险就会错失眼前的机会。所以，为了避免丧失机会、保住竞争的资格，我们支付失败与挫折是值得的！

失败是走上更高地位的开始。成就是踩着失败的螺旋阶梯升上来的，是在失败中崛起的。

我们要做一个聪明的失败者，知道向失败学习，从失败的经验中汲取成功的因子，用自己不曾想到的手段，去开创新事业。

乐观的人在苦难中会看到机会，悲观的人在机会中会看到苦难。梦想＋失败＋挑战＝成功之道。

曾有一位年轻记者采访了爱迪生："您目前的发明曾经失败过一万次，您对此有什么看法？"爱迪生以长者口吻跟那位记者说："年轻人，你的人生旅程才刚刚开始，所以我告诉你一个对你未来很有帮助的启示，我没有失败过一万次，我只是发明了一万种行不通的方法。"精神的力量永远如此巨大。

一个人若宣布精神破产，就会输掉一切。你需要知道，人的事业就如同浪潮，如果你踩到浪头，功名随之而来；而一旦错失，则终其一生都将受困于浅滩与悲哀。失败是一种学习经历，你可让它变成墓碑，也可以让它变成踏脚石。

没有挑战就没有成功，不要因为一次失败就停下脚步，战胜自己，就是最大的胜者！

男人的人生
从挫折开始

孙正义说:"男人仅仅有聪明,是不行的。如果一个男人不执着愚直,他就不会成长。男人的人生从挫折开始。"

1957年8月11日,孙正义出生于日本佐贺县鸟栖市,在家中四兄弟中排行老二。他的父亲叫孙三宪,母亲名叫李玉子。在他的出生地,第二次世界大战前有很多韩国人、朝鲜人临时搭建了木板房,在里面居住着。这些简易房没有门牌号。孙正义是第三代韩裔日本人。孙家祖先原来从中国迁移到韩国,到孙正义祖父一代,又从韩国的大邱迁徙至日本九州。

孙正义的祖父孙钟庆在筑丰煤矿做矿工,勉强养家糊口。孙正义的父亲孙三宪卖过鱼,养过猪,还酿过酒,拼命地辛苦劳作。后来,通过经营游戏厅、餐饮业和不动产,孙三宪积累了一些资本金,奠定了经济基础。

"不仅爸爸如此,妈妈也是像只勤劳的蜜蜂一样工作着。"孙正义的脑海里经常会浮现出当时在鸟栖市度过的岁月。幼年的孙正义经常坐在祖母李元照的拖车上,"坐在上面滑溜溜的,心情很差。到附近去搜集剩饭回来喂家畜。车子很滑,祖母拼命在前面拉着车,我要努力地抓住才不会掉下来。"用拖车到处搜集猪食的祖母辛苦劳作的身影经常浮现在孙正义的眼前。

祖母问孙正义:"你知道真正的贫穷是什么吗?"他摇摇头。祖母说:"真正的贫穷不是生活不舒适,而是从来没有想过贫穷这件事。"

孙正义反复认真地品读了三遍《龙马出发》,司马辽太郎的一系列文学作品让他更加关注这些战国英雄,并且对他的人生产生重大影响。

龙马的声音荡气回肠:"人生只有一次,我不想做后悔的事情。因此,我一定要下决心去做自己想做的事情。这样的人生岂不更有意思?在人生的大幕缓缓落下的那一瞬间,我会说我知足了,因为我过了我想要的人生。"

幕府末年,热血男儿龙马毅然脱离土佐藩,成为一贫如洗的浪人。后来,龙马邂逅从美国归来的腾海舟,遂拜腾海舟为师,随后进了神户海军操练所,并成了其中的领导人(塾头)。庆应元年(1865),龙马在长崎成立了海上运输和贸易的商社——龟山社,之后又组织了海上援助队。同时龙马还帮助实现了终结德川家族命运的萨长联合,为大政奉还出谋划策。庆应三年(1867)10月14日,江户幕府的第15代将军德川庆喜向朝廷提出归还政权的建议,第二天就被朝廷接纳。镰仓幕府以来持续700多年的武家政权终于土崩瓦解。然而,就在决定日本命运一个月后的庆应三年(1867)

11月15日，龙马正与中冈慎太郎在京都三条河原町谈话，被一个自称为十津川乡的人暗杀。

少年时代的孙正义为织田信长血染本能寺、龙马横尸京都而心如刀绞。 织田和龙马两者除了同样悲剧性结局外，还有什么共同之处呢？ 几乎没有。 无论性格、资质，甚至行动，两人都迥然而异。 但是这两个人的思维方式和普通的日本人截然不同。 那时，孙正义每天不管睡觉还是醒着，都想着龙马。 龙马是第一个度蜜月的日本人，也是第一个穿西式靴的日本人。

要像龙马那样志存高远，勇敢地跋涉在人生道路上。 小时候，孙正义梦想着当小学老师、企业家、政治家，每个理想都是追求独特创造性的崇高职业，从中可以窥见出年少的他对自我的人生定位。

中学时候，孙正义遭遇到意想不到的挫折。 他以前想做小学老师，因为国籍问题只好作罢。 那就选择别的职业，在企业家和政治家两者中，孙正义最终选择了企业家。

没有
什么不可能

施瓦辛格15岁时,有一天他告诉身边的人:"我想要成为一位世界健美先生冠军。"得到的回应是:"这项运动一点儿奥地利精神都没有。"

可是,"不管别人怎么泼我冷水,我的心里非常明确地知道自己想要什么,这个目标,再清楚不过了",施瓦辛格这样说。

他开始魔鬼般的训练,开始时每天训练一个小时,然后是两个小时、三个小时,等到18岁服兵役的时候,他一天的练习时间是五个小时。

终于在20岁那年,他成为史上最年轻的环球健美先生。之后,他赢得一次又一次的冠军,在他决定结束健身生涯的时候,已经得到了13个健身比赛冠军。

施瓦辛格深知,他不可能一辈子靠健身过活,他决心向演艺圈发展。他再一次遇到了许多障碍,许多经纪人都告诉他同样的答案:"你不可能当演员的。"

施瓦辛格告诉他们:"我不只是想当一名演员,我想当的是主角。"他们哈哈大笑说:"别闹了,听听你自己的口音,只要有那种奇怪的口音,你就不可能当主角的。"

施瓦辛格没有听信他们的话,而是开始努力地练习,就像他在健身的时候一样。日复一日,他一天花五个小时上演员课程、发音课程、去除口音的课程等。

慢慢地,事情开始顺了起来,而之前他们说的那些缺点,逐渐变成了卖点。他接演了一部又一部的电影,在《魔鬼终结者Ⅲ》这部片中的片酬是3000万美元,是当时史上最高的片酬。

施瓦辛格的从政之路也是一样。很多人认为他疯了,理由是:没有人能一下子就空降竞选州长,"你应该从市长、参议员往上爬。"

施瓦辛格则说他想要的是改变加州,要当的是州长。结果呢?他赢了2003年的州长选举,而且又在2006年连任。

我们在人生路上总是会遇到很多人,听到很多声音,这些人不断地告诉你:"这件事情你根本不可能做得到!"如果听到这种说法,那么,别听他们的!你必须百分之百地了解你自己真正想要的,笃定地相信你自己,然后放手去做。

当然,你接下来一定会遇到一些失败与挫折,那是人生必经的一部分,"但如果害怕失败,我可能连一次举重都没办法完成。比如我当年第一次尝试举起五百磅的重量时,我没有成功,但是我继续练习,到了第十一次的时候,我成功了。"

相信自己,不要墨守成规,别害怕失败,别听那些怀疑你的人的话,精彩的人生由自己开启。

改变，
去做一些新的事情

关于当导演，其实压根儿就没有在宁浩人生的规划和计划当中。

学了四年，画什么？画电影海报。毕业之后还画过一张，当时画的是刘德华。画完那一张，然后就失业了，因为打印机诞生了。

那是宁浩第一次知道迷茫是什么感觉，迷茫就是站在人生的"米"字路口，然后觉得任何一个方向都可以走，但是又完全不知道走到哪个方向是正确的。

宁浩当时和琴行的老板聊天，诉说迷茫。

琴行老板就跟他说："宁浩，我是过来人。做生意这件事儿呢，非常简单。一毛钱买了，两毛钱卖，你就挣了。一毛钱买了，五分钱卖，你就赔了。而且这件事情呢，对年龄没有要求，你到30岁的时候一样可以干。但你今年19岁，你应该去读书。"

后来，宁浩的父亲给了他2000块钱，说："如果你一定要去，你就去吧。"言外之意是：你把这个钱花完了，嘚瑟完了，你就回来吧。因为2000块钱实在是不够上学的。怎么样能生存下来，其实很重要，宁浩要自己挣钱了。

宿舍里头有一个小孩儿是学摄影的，宁浩就开始跟他学怎么拍照片，怎么洗照片，然后就开始自己抄条子：人像摄影，100块钱一个胶卷。开始在校园里面贴，然后到周围的一些学校里头贴。当时没有照相机，就借同屋的哥们儿的照相机。于是从这样的方式，开始在北京生活。

后来有很多人问宁浩的梦想是怎么形成的。宁浩说："我觉得我最初来的时候，完全没有梦想。我的梦想先搁一边儿，先别说梦想，先说现实，先说生存。人生总会有这个梦想和现实发生冲突的时候，先选择现实，但是不要离梦想太远，就是绕一弯儿还能回来。"

有一天，宁浩在一次聚会中认识了吉他手刘义君，于是主动提出要给刘义君拍一套照片。宁浩到旁边的一个小卖部里买了一个一次性的照相机，然后就在饭馆儿门口随便拍了几张。洗完了一看，拍得太差了。因为设备差，环境也差，光线也差。于是他就坐车去太原找朋友张冬冬，两个人就熬了一晚上，挑出六张，把照片重新修下来，重新抠图，重新换背景，重新制作。

刘义君收到照片后随即给宁浩回信了，让宁浩去找他。原来是想邀请宁浩做他的专辑摄影师。

宁浩就这样很顺利打入了流行音乐圈，开始作为一个职业摄影师生存，同时在上学。后来宁浩认识了天堂乐队的主唱雷刚。雷刚有一天就突然问他说："你不是学那个节目制作专业的吗？你会拍MTV吗？"宁浩说："会呀！有什么不会的。"其实他没干过这个活。然后紧接着又在流行音乐圈就又传开了，说：这个小伙子挺便宜的。当时主要是便宜。

此后业务不断，干到最多的时候，一个月要拍五六条。虽然是物美价廉，但是其实已经开始挣钱了，那个时候宁浩读大二，大二下半年，他带了20万元回家。

临到毕业的时候宁浩不想就这么混下去，他觉得还应该变，还应该继续改变，所以，他开始做电影导演。

也有人曾问宁浩为什么那么爱改变呢？为什么那么喜欢转变呢？或者说你就是没常性在一个地方待着？

人生就是一次旅途，而在这个向前走的过程中，你总会面对各种各样的困难或者问题。其实最好的解决办法就是走过去，不要停在这里。改变，去做一些新的事情。

我粉碎了
每一个障碍

巴尔扎克小的时候，父母希望他今后能够成为一个大律师。巴尔扎克却热衷于文学创作，决意要当一个文学家。

为了帮助儿子"改邪归正"，母亲特意为他租了一间冬冷夏热的破房子当工作室。她认为，当儿子在这里冻得发抖、饿得肚子咕咕叫时，一定会回心转意，坐到律师事务所的皮椅子上去的。

1819年8月，巴尔扎克搬进了又脏又破的工作室。他坐在一张旧椅子上，立即着手写作，写什么呢？小说？戏剧？还是论文？他冥思苦想了一番，最后决定写一部悲剧《克伦威尔》。他一人关在小屋里，写啊写，有时一连三四天不出屋，奋战了半年多，总算把悲剧写出来了。他兴冲冲地跑回家去朗读。可是当他兴致勃勃地朗读了三四个小时，家里的人和朋友们都快睡着了。像他这样一个二十多岁的小青年，历史知识和创作方法都不成熟，怎么能一下写出好作品来呢？不用说，他失败了。

巴尔扎克并不承认自己的失败，家里停止供给他生活费，他不得不同别人合作，用各种笔名写些平庸的小说，卖给出版商，赚钱维持生活。后来，他想自己做个出版商，出版莫里哀等著名作家的作品，于是借了钱来当老板。可是，这位外行老板总受人欺骗，蚀了老本，还背了一身债。紧接着，他又当了一家印刷厂的老板，计划着自己写书，自己选编、印刷、出版。但是，不管他如何拼命挣扎，还是失败了。

到1828年，巴尔扎克已欠下了9万法郎的巨额债务，每年单是利息，就要付出6000法郎。巴黎警察局奉命要逮捕巴尔扎克，他只好改名换姓，躲进了贫民区的一间小屋。从此，这位资产阶级的大少爷，成了贫民区里的一个成员。

一时间，巴尔扎克心里空荡荡的，不知道应该怎样实现自己"成为文坛上的国王"的豪言壮语。但"开弓没有回头箭"，事到如今也只能硬撑着了。"路漫漫其修远"，只能硬着头皮往前走。巴尔扎克决心从头做起。于是，阿斯纳尔图书馆里多了一位不知疲惫的读者。每天他一早进馆，一头扎进书堆当中，直到傍晚闭馆。

巴尔扎克说："世界上的事情永远不是绝对的，结果完全因人而异。苦难对于天才是一块垫脚石，对能干的人是一笔财富，对弱者是一个万丈深渊。"

生活中遇到的困难并没有击垮他，反而成为他奋发图强的催化剂。他拼命地进行写作，《欧也妮·葛朗台》《高老头》等一部部畅销书相继问世。

不圆满，
才能更完美

这个世界缺点很多，没有一个人的人生是圆满的。有善有恶，苦中有乐，才能让人看到希望，从而激发人的意志，走上奋斗的道路。

人最大的意义在于通过奋斗去达成目标，因为不圆满，我们才可能进一步完美；而当一个人完美无缺的时候，他自己也觉得失去了人生的方向。人生因为不圆满，人们才有追求梦想的热情，也只有接受人生的缺憾，人们才能真正理解人生的意义并为之奋斗，实现有意义的人生。如果你早上醒来，感到自己还不够完美，感到自己还有追求，感到自己要做些什么弥补缺憾，这应该是件值得欣慰的事。

缺憾在所难免，对此，智者早有所知，甚至刻意追求不圆满。日本有一派禅宗就奉行"不圆满"的道义，他们在挥毫泼墨时故意留下几处败笔，意在暗示观者没有百分之百的完美。将这种理念充分发挥的一个人就是日本东照宫的设计者，他觉得自己的作品天衣无缝，简直可以说是太完美了，他担心这样有违天意,就故意将一根横柱的雕花刻反了。这种做法虽然有些偏颇,有点极端,却也印证了"月盈则亏,水满则溢"的古训。

有时,完美并不一定代表幸福,相反,它可能是可怕的。世上的事物某方面若是太好,另一种概率就会在负极聚集,因此有"物极必反"的说法。大文学家苏东坡希望达成这样一种圆满:鲈鱼无骨海棠香,而现实中却是:鲈鱼味美却多刺,海棠花艳却无香。世界往往因为不圆满才和谐,人生因为缺憾才真实。刻意追求圆满,反而容易被其所累,掉进"圆满的陷阱"。

人生也是如此,存在诸多不确定性,没有谁能做到完美,没有谁能保证利益的绝对最大化,人生是一个不断犯错、不断修正的过程。执着于完美的人,即使在一时达到暂时完美,但必将在长远上因小失大。

人们往往知道完美的好处,却很少懂得不圆满的妙处。人人追求圆满,却不知道,即使不那么完美,生活也可以一样过得很有意义。

月有阴晴圆缺,人有悲欢离合,此事古难全。上天是公平的,没有人能集万千宠爱于一身。有爱情的可能没有金钱,有金钱的却又疾病缠身,身体健康的也未必会幸福。人生不如意十之八九,但上帝给你关上一扇门的同时,也会为你打开一扇窗。

PART 04

若已接受最坏的,
你将无所畏惧

坚持做下去，
总会有结果

李时珍出生在一个世代行医的家庭。祖父是一位手摇串铃、四处奔波的游方郎中。父亲小时候读过一些书，是当地远近闻名的医生，并写过一些医学著作。李时珍从小念书，14岁时中了秀才，后来三次考举人落选了，就绝了做官的念头，选择行医作为自己的终生职业。

李时珍24岁开始行医，在行医中感到识药、用药是个大问题。一个医生对药物、药性不熟悉，或者一知半解，处方开得再好，也不能治好病。他还发现，许多药物学方面的书籍，例如汉朝《本草经》、南朝的《本草经集注》、唐朝的《新修本草》、宋朝的《开宝本草》等书，在分类上有不少错误，有的将一味药分成两种，有的将两种药混为一谈。书中记载的药物虽然有图形有解说，但是，有的图形与解说不是一回事；有的有解说而无图形；有的解说是正确的，图形却绘制得不正确；抄错刻误的地方也举不胜举。

"医术再高明,处方再灵验,没有一本可靠的医药书籍作指导,也难治好病,弄不好还会害了病人的性命。"李时珍阅读的医书越多,这种担心就越强烈。

渐渐地,一股欲望在李时珍心里升腾起来——写一部药物品类齐全、内容翔实、图文并茂的医药学著作。

李时珍把这个大胆的想法告诉了父亲。父亲惊愕了:"谈何容易,我写那几本书,少者数千言,多者万言。你要把全国的药物都搜集齐全,一一解说,即使用一辈子的功夫也难完成。难啊!"父亲最后长叹了一声。

"困难是不小,但只要我每天不间断地干下去,总会有个结果……"李时珍倔强地答道。

父亲被儿子的精神感动了,他望着李时珍,点头同意了。

李时珍开始写《本草纲目》的这一年,已经35岁。他以唐朝人写的《证类本草》作为底本,参照各家的本草书籍,按自己拟定的体例整理十年来搜集的笔记资料。

写了一段时间,李时珍发觉,古代许多官修本草书错误百出的原因,是编纂者对于许多药物并没有亲眼见过,只是从书本了解其特性,或者凭自己的经验猜度判断。他感到,仅仅根据古人的书籍和自己行医的经验,很多问题都解决不了。

例如,"远志"这味药,南朝陶弘景的《本草经集注》

中说它是小草，形态像麻，叶青色，开白花；而宋朝马志的《开宝本草》中却说它像大青。两种说法到底谁是谁非，仅凭文字是难下判断的。

李时珍感到，要获得真知灼见，只靠博览群书远远不够，还必须深入到出产药物的大自然中去。于是，他在搜罗、参考百家书籍的同时，常常头戴斗笠，肩负药筐，带着徒弟庞宪和儿子建元，到山林、田野、江湖去观察、采集药物标本，广泛收集民间治病的土方子，与农民、渔民、猎人、樵夫、药农、果农、花匠交朋友。

他从药农那里知道：藏蕤和女藏是两种毫不相同的药用植物，过去大多数医书把它们混为一谈；南星和虎掌是一种植物的两种名称，《证类本草》中把它说成是两种不同的植物。

李时珍把这些亲见亲闻的知识都一一记录下来，写进《本草纲目》中。

一次，他到武当山采药，听说山上生长一种叫榔梅的仙果，山上的道士每年都要用蜜汁腌好，献给皇帝，说是吃了可以长生不老。为了研究榔梅的真实价值，他冒着被处死的危险，偷偷采了几次，亲自品尝，才知道榔梅的药性不过是生津止渴罢了，从而揭穿了仙果的秘密。

李时珍一边行医，一边考察药物、撰写《本草纲目》。在武昌府，他治好了楚王儿子的气厥病，被强留在楚王府中，担任王府的奉祠正，兼管良医所的事务。《本草纲目》

的编写被迫中断了。

李时珍在楚王府工作了两年,因为医术高明,被楚王推荐到京城的太医院任职。他时常惦记着《本草纲目》的写作,但是枯燥的坐班生活,使其行动极不自由,好在太医院藏有丰富的医学典籍和许多他未曾见过的秘方,还储存着许多稀有的名贵药材,敏而好学的李时珍整日整日地读书,分辨药材。这多少排解了无法写作引起的不安情绪。

李时珍想:太医院有这么好的条件,如果由太医院来主持编修《本草纲目》,岂不是既快又好?

他向太医令谈了自己的想法,哪知太医令不但没有认真考虑,反而斥责他重新修订《本草》是"擅动古人经典,狂妄至极!"其他医官则讥笑他自不量力,自讨没趣。

当时,太医院的太医都热衷炼丹升仙。李时珍非常反感,他更加感到时间紧迫,就借口自己有病,辞职回到家乡。

他找出三年前写的旧稿,继续编写《本草纲目》。像从前那样,边行医,边四处考察,边写作。他多次长途旅行,足迹遍及大江南北。

《本草纲目》第一稿完成后,李时珍进行过三次修改,每次修改,他都不断完善这部书的体例,增补新的内容。当初设计纲目时,包括释名(解释药物名称的来源和依据)、集解(说明药物的产地、形态和采集方法)、气味(说明药物性质)、主治(阐述药物功用)等。后来,他亲自栽培一些药物,炮制并且临床试验,了解药物在不同情况下药性、功用的变化和适用的范围，又有了新的发现。因此，修改补充过程中，他又增加修治（阐述抢制方法）、发明（记述前人和自己使用这种药物的临床经验和药理方面的研究），有些药物还附有"辨疑"和"正误"栏，纠正过去本草著作的错误，最后还有"附方"，说明药物在临床上的实际应用。这就使《本草纲目》具有很大的临床实用价值。

在李时珍61岁那年，《本草纲目》终于完成了。他独自一人，呕心沥血，整整花了27年的时间才完成了这部190多万字的巨著。27年里，李时珍参考的前人著述就达八百多种，书中附录的药方有11091个，其中8161个是李时珍亲自搜集的民间药方，还附有药草图谱1110幅。这部书全面而系统地总结了我国明朝中期（16世纪）以前药物学的巨大成就，具有重大的科学价值。

当时，这部医药学巨著并没有引起官府的重视，书商不识货，担心印了卖不出去，李时珍也没有钱去刊印这部著作，因此，此书好多年都无法出版。

李时珍为了出版这部书，先后只身到武昌、南京联系刊刻之事。在南京，他一边行医，一边联系书商，辛苦了几年，没有一家书商愿意刊刻《本草纲目》，他只好扫兴回到蕲州。

又过了几年，南京一位名叫胡承龙的藏书家专程赶到蕲州，向李时珍商议刻书的事情。李时珍喜出望外，但此时他已经是年过七旬的老人。

1593年，76岁的李时珍困卧病床，还念念不忘《本草纲目》的刊刻，他最终还是没等到《本草纲目》问世，就在这一年的秋天，李时珍带着终生的遗憾离开了人间。

1596年，《本草纲目》初刻本终于在南京出版了，不久就风靡全国，以后又被翻刻了几十次。

1606年，《本草纲目》传入日本、朝鲜，以后陆续译成拉丁文、法文、俄文、德文、英文等多种文字，流传至世界各国，被誉为"东方医学巨典"。

临渊羡鱼，
不如退而结网

我们的周围肯定会有人比自己强，如果总拿别人某方面的长处作为标准，去和他们攀比，那你将会永远没有满足感，永远生活在烦躁和压力中，还会给自己的家人和朋友带来负面影响。

"临渊羡鱼，不如退而结网"是古代《汉书》中的一句话，原意是说：与其对着有鱼的深潭发呆，幻想着、期待着肥美的鱼儿得手，倒不如退到一边织个渔网。

自己和自己比，心态会比较好。把自己曾经实现过的指标每年上浮几个百分点，每年争取完成一至两件"大事"，就是对自己的要求。如果年底达到这个目标了，自己就会很高兴。试想如果按照比尔·盖茨的标准制定一个对自己来说根本不现实的目标，年年都不能实现，那自己岂不是永远处于自责和痛苦的状态中？

有和别人攀比的时间，不如用来思考如何把自己公司的业务做得更有特色、更能吸引用户，或者琢磨如何与老公取长补短、相互帮助。

不论你是与谁相比，可以肯定地说，你是比上不足、比下有余的。但你却很容易只将眼光盯着那些在爱情、事业以及拥有的财富比你强或多的人，而这种比较既让你感到浮躁，同时也打击你的信心，让你的心情变得沮丧。

其实，你虽不是最成功的，但你肯定不是失败者，用不着灰心丧气。

我们总是不由自主地会去羡慕别人所拥有的东西，羡慕朋友买的新房，羡慕别人的车子，羡慕别人的工作等等，唯独忽视了一点——我们自己也是别人所羡慕的对象。

其实人总是在这样互相羡慕的生活中度过。有的人常常幻想有一天一觉醒来自己就会成为某某一样的人。可能是因为我们深知自己人生的缺憾，所以就会拿那些我们认为比较完美的人生来作比较，当作自己的坐标。其实这个世界上并不存在十全十美，那些我们所羡慕的人同时也在承受着他们的压力。所谓家家有本难念的经，虚荣的本性使人们愿意把自己风光的一面展示给人，又有谁能真正看到别人风光的背后呢？很多时候，得到的就是所承担的，每件事都像硬币一样有正面和反面。

人往往喜欢拿自己和别人作比较，结果是人比人气死人。其实不妨和自己比，看看自己是否越来越好了，是否离自己期望的目标越来越接近了。时不时给自己鼓舞，你会做得更好。

不必去羡慕别人，守住自己所拥有的，想清楚自己真正想要的，我们才会真正地快乐！我们不应该一味羡慕别人，白白浪费光阴，而应该牢记"临渊羡鱼，不如退而结网"的古训，付出更大的努力，脚踏实地做好自己的事情，实现梦想。

不要再去羡慕别人如何如何，好好算算上天给你的恩典，你会发现你所拥有的比没有的要多出许多。而缺失的那一部分，虽不可爱，却也是你生命的一部分，接受它并善待它，你的人生会快乐豁达许多。

羡慕别人是因为我们期待完美，期望可以活得更好。可是我们却常常忽视了一点——每个人的处境都不同，别人永远无法模仿，但我们可以通过观察别人的长处来修正自己的短处。与其仰望别人的幸福，不如注意别人经营幸福的方法；与其羡慕别人的好运气，不如借鉴别人努力的过程。

正确的
比较之道

比较之心人人都有，只是有些人的比较心理过于明显，有些人的比较心理十分隐晦罢了。作为一种普遍心理，比较没有好坏之分，关键要看它给比较者带来了什么影响。正确的比较之道是：通过比较发现他人的优势为己所用，发现自己的劣势警醒自己。

昔日处处比自己差的朋友，如今却拥有豪宅、名车，这会令你暗自嫉妒；和自己能力相当的同事得到了老板的提拔，你可能会愤愤不平；相貌平平的女孩嫁了个有钱、帅气的老公，你可能会为自己的花容月貌喊冤。你甚至还会因很多事情生闷气，总觉得自己处处比不上别人，以致感叹自己真是太不幸了。

这些心理和情绪反应都和比较心理有关。

比较的作用却不止如此。有些人通过比较，发现了别人的长处，努力追赶，以使自己的能力尽快获得提高；有些人通过比较，发现了自己的长处，于是就扬长避短、精益求精,努力使自己的长处更加突出、明显。

生活中,比较现象十分常见。有些人通过向上比发现了自己的不足,通过向下比发现了自己的优势。关于比较之心,有一首形象的打油诗这样写道:"世人纷纷说不齐,他骑骏马我骑驴。回头看到推车汉,比上不足下有余。"所以,比较的作用有好有坏,不可一概而论。

对于比较现象,很多心理学方面的书籍都将其归属于不良心理习惯。之所以如此,是因为不少人通过比较有了烦恼,尤其是那些只看到别人优势的人,更会因为自己不如别人而心生嫉妒,甚至感到自卑,对自己丧失信心。

盲目比较只能刺伤自己,如果比较的结果总是给自己的情绪带来消极影响,这样的比较方式就该及时修正和调整了。倘若不及时摒除这种习惯,由比较导致的抱怨就不能停止,自己的心理也无法恢复平衡。所以有人认为,比较有时就像一把利剑,用不好就会刺伤自己。

研究发现,生活中人们常常羡慕自己没有得到的,如常常不能和父母在一起的人,会非常向往能像别人一样有个温馨的家;长期和父母生活在一起的人,会非常向往独来独往、没人约束、没有父母唠叨、没有任何牵挂的生活等。

比较就像一把双刃剑,既可以激发一个人的内在潜力,给人以内在动力,又可以使人变得急功近利,失去心理平衡。比较之道最忌讳的就是只拿自己的缺点和别人的优点来比,如果一个人总习惯用自己的缺点对抗别人的优点,那么他得到的除了无奈和自卑外还能有什么呢!

一个人之所以觉得幸福,并不一定因为他拥有多少财富，担任什么职位，主要是他看淡了得失，知道如何把握当下的生活；一个人之所以觉得自己很成功，并不一定因为他从成功中获得了许多物质回报，或自己殚精竭虑的目标实现了，而是他克服了自己的各种不足，成就了最好的自己。

无论是幸福的人，还是成功者，我们都可以从他们身上发现觉醒的力量。觉醒会使我们冲破现实的束缚，而一个人之所以能觉醒是因为他们经常反思。如果一个人不懂得反思，他就很难发现自己哪里出了错误，什么地方存在着不足。

如果你总是为自己找出太多理由来证明自己的能力不足、水平有限、条件不够，那么你就无法激发自己内在的潜能。如果你仍然无法走出自卑的影子，对自己顾虑重重，那么你就无法将储藏在自己身体中的潜能释放出来。

然而，我们并不能因此而觉得自己误入了迷途。人生没有弯路，那些获得辉煌人生的人也大多是从迷途中走出来的。他们不但不会憎恨自己的那些经历，而且还会对其充满感激。因为迷失中他们懂得了反思，学会了如何正确看待自己。

与自己比较

学会爱自己的第一步,是不再用别人的标准来评判自己,而必须建立起自己的一套价值标准,然后把它作为生活的依据。 我们还必须学习如何与自己相处,不要常常批判自己。 我们可以通过以下做法帮助自己喜欢自己。

第一,跳出"与别人比较"的模式,而成为与"自己比较"的独立的自我。

我们从小到大所受的教育与社会影响多半是与别人比较,我们已经养成了习惯,但习惯是可以改变的,凡事开头难嘛! 最好找一个好朋友一起做,彼此鼓励,彼此切磋与支持。

第二,写下你所有的优点。

有的人在写自己的优点时觉得很困难,但要他们写缺点时,却又快又好,所以请大家花一点时间想想自己的优点,若想不出来,就问朋友或家人,有时候反而是别人知道我们的优点比我们自己知道得多。

第三，每天记下自己所做的事。

在好事、好的表现，如"努力""认真""勤劳"等上面打一个记号，在需要改进的事及欠缺的方面，如"骄傲""懒惰"等上面打一个记号，晚上做一个总记录，做完记录之后，好好地欣赏与肯定自己所做的好事；对需要改进的事则告诉自己：今天我有些自私，明天我会改进，做得更好一些。要谢谢今天所发生的一切人、事、物，感谢它们使你有学习、改进和成长的机会。

第四，多欣赏别人的优点，包容别人的缺点。

"自爱"对每一个正常人来说，是很健康的表现。为了从事工作或达到某种目标，适度关心自己是绝对必要的。因此，要想活得健康、成熟，"喜欢你自己"是必要条件之一。

每个人都具有一定的价值，并可以在生活中表现出来。这种价值必须依着自己的个性表现出来，而不是模仿他人。明白了这点，才会对自己产生信心。

懂得爱自己，就不要苛待自己，再完美的人也会和一般人一样犯错误，我们何必要因此而痛恨自己，不爱自己了呢？有时候，我们需要练习自我放松，取笑自己的某些错误，要学习喜欢自己。只有喜欢自己的人，才会让别人喜欢。

每个人都需要自我鼓励。孩子需要鼓励，大人也需要鼓励；他人需要鼓励，自己也需要鼓励。什么是鼓励？鼓励就是通过特定的奖赏对人对己的再理解和再认同。

向成功的人学习

孔子说：益者三友，损者三友。友直，友谅，友多闻，益矣。友便辟，友善柔，友便佞，损矣。

齐宣王喜欢招贤纳士，于是让淳于髡举荐人才。淳于髡一天之内接连向齐宣王推荐了七位贤能之士。

齐宣王很惊讶，就问淳于髡说："寡人听说，人才是很难得的，如果一千年之内能找到一位贤人，那贤人就好像多得像肩并肩站着一样；如果一百年能出现一个圣人，那圣人就像脚跟挨着脚跟一样。现在，你一天之内就推荐了七个贤士，那贤士是不是太多了？"

淳于髡回答说："不能这样说。要知道，同类的鸟儿总聚在一起飞翔，同类的野兽总是聚在一起行动。人们要寻找柴胡、桔梗这类药材，如果到水泽洼地去找，恐怕永远也找不到；要是到梁文山的背面去找，那就可以成车地找到。这是因为天下同类的事物，总是要相聚在一起的。我淳于髡大概也算个贤士，所以让我举荐贤士，就如同在黄河里取水，在燧石中取火一样容易。我还要给您再推荐一些贤士，何止这七个！"

读好书，交高人，乃人生两大幸事。俗话说："鱼找鱼，虾找虾，乌龟找王八，青蛙找蛤蟆。"

《塔木德》中有一句话：和狼生活在一起，你只能学会嗥叫；和那些优秀的人接触，你就会受到良好的影响，耳濡目染、潜移默化，成为一名优秀的人。

人际关系专家卡耐基曾经说过："一个人快乐与否，85%来自于与他人相处。"

善于发现别人的优点，并把它转化为自己的长处，你就会成为聪明人；善于把握人生机遇，并把它转化成自己的机遇，你就会成为优秀者。常言说："一个篱笆三个桩，一个好汉三个帮""一人成木，二人成林，三人成森林"，都是说要想做成大事，必定要有做成大事的人脉网络和人脉支持系统。

每个人的成功都是由一步一步积累得来的，也许在他们身上，可以得到你想要的东西，少走弯路。取他人之长，补自己之短，向行业的每一个成功的前辈学习，使自己更快成长起来！

张衡发明了地动仪，在天文、物理等方面也有研究。他在青年时期有很多知己，如马融、王符、崔瑗，这些都是当时很有才能的青年。特别是崔瑗，很早就学习过天文、数学、历术，张衡经常同他在一起研究问题，交换心得，张衡进一步研究天文、物理等科学都是受了崔瑗的影响。

我国古代就有"孟母三迁"的故事，孟子原住在艺人的旁边，止不住去听；当迁至屠户旁时，孟子又常去看杀猪；直至三迁至学馆旁时，孟子才专心读书，最终成为大思想家。 这则故事虽然有轻视劳动人民的意思，但是，它讲明了一个道理——近墨者黑。

正像鲁迅说的："农家的孩子早识犁，兵家的孩子舞刀枪，秀才的孩子弄文墨。"接触多的是什么，学会的就会是什么。 进入成功的人生活的环境，帮助成功的人工作，向成功的人学习，你就会更快成功。 永远要跟比你更成功的人在一起，当你总是与最顶尖的人在一起时，你就越容易学到更多、更好的成功法则和特质。 人生能得多少，就看你要求多少。

古人云："入灵芝之室，久而不闻其香；入鲍鱼之肆，久而不闻其臭，亦与之同化矣。"说的也是这个道理：试想一个人若处在一群恶习满身的人中间，开始也许还有羞恶之感，后来渐渐习惯了，也就不以为然。 再后来，也许反而会同流合污呢！ 相反，与一些品性好的人相交，也会渐渐受其影响，使自己的品行高尚起来，这就是"互化"的作用！

与君子相处有益身心，与小人相处险象环生。 "孟母三迁"是很有道理的，正所谓"君子择友而交，良禽择木而栖"。

抓住
微小的希望之光

高中毕业后,安藤忠雄以打工的方式开始工作。从做家具、室内设计到建筑设计,当工作视野逐渐扩大时,也不是没考虑过进大学建筑系念书。但家中的生活并不宽裕,加上他从小就不爱上学,学历程度不够,不得不放弃念大学的想法。既然如此,就只能边工作,边靠一己之力去学会自己想知道的一切。自学是在不得已情况下的选择。

谈到自学,也有人认为这种学习既自由又轻松自在,这可误解大了。自学过程中必须认真学习,当心中有疑问时,身边既没有水平相近、可互相讨论的同学,也没有能够指点迷津的学长和老师。不论怎么努力,都无从得知自己究竟成长了多少,或自己的水平怎么样。

最痛苦的莫过于不得不一个人从头摸索该如何学、学什么。一开始,安藤忠雄先潜入无法就读的大学,偷偷旁听建筑系的课程。在那一两个小时的课程中,是找不到自己想知道的答案的。

于是安藤忠雄到处收集、购买了大学建筑系用的教科书，并计划在一年内读完。打工时，也趁午休时间边啃着面包边读书；晚上也舍不得睡觉，继续翻着书看，就这样硬是达成了目标。坦白说，这些书的内容有一半安藤忠雄看不懂，也搞不懂有些内容是否真的有必要放在书里，但还是从中隐约掌握到大学建筑教育属于什么样的知识体系，这并非一无所获。

当安藤忠雄把旅欧的决心告诉外婆的时候，她说："钱不是拿来存的。钱善用在自己身上时才有价值。"这句有力的话，让他带着无牵挂的心情出国。此后，在成立事务所前的四年里，安藤忠雄只要存够了钱就会去旅行。二十几岁时旅游的记忆，成了他此后人生中无可取代的财产。

旅行中，安藤忠雄随身带着几本近代建筑教科书，想在途中有空读读。若事先能系统地学习历史，这趟旅程应该会更充实。不过，在心灵最饥渴的时期，能够亲临当地，用自己的眼睛，亲眼看到建筑与风土所蕴含的人文精神，应该是很好的收获吧！

即使是相同的知识，通过阅读抽象的词汇而获得，与在实际中亲身体验来理解，所获得的深度也是完全不同的。初次的国外之旅，安藤忠雄生平第一次看到了地平线与海平面，有了领悟地球风貌而得"道"的感动。从哈巴罗夫斯克到莫斯科这段行驶在西伯利亚铁路上的150个小时，沿途尽是绵延不断、一成不变的平原风景。还有航行在印度洋上时，体验到四面八方的空间全是一片汪洋。若是像现在搭乘飞机往返两地，已经无法亲身体验到地球风貌的感动了吧！

旅程最后行经印度，在散发着异样的气味和强烈的太阳光照射下，安藤忠雄看到人类的生死交错，受到的冲击足以使他改变整个人生观。在恒河中沐浴的人们，身旁火化的遗骸就这样顺水流过。这让安藤忠雄领悟到，自己的存在是多么的渺小。

听过安藤忠雄靠自学成为建筑家的经历，有人以为那是条华丽的康庄大道，但那是一种误解。在封闭保守的日本社会中，一个人毫无后盾，独自追逐成为建筑家的目标，不可能一帆风顺。一开始尽是不尽如人意的事情，想尝试些什么，大多以失败告终。

尽管如此，安藤忠雄还是赌上仅存的可能性，在阴影中一心前进，抓住一个机会，就继续朝下一个目标迈进。安藤忠雄的人生就是这样，抓住微小的希望之光，拼命地活下去。总是处于逆境中，在思考如何克服的过程中找到活路。

因此，要在安藤忠雄的人生经历中找到些什么，不会是卓越的艺术资质，只有与生俱来的正面迎向严酷的现实时绝不放弃以及要坚强地活下去的韧性。

要在人生中追求"光"，首先要彻底凝视眼前叫作"影"的艰苦现实，而为了要超越它，就必须鼓起勇气向前迈进。

在信息进步、受到高度管理的现代社会中，人们似乎都被"每时每刻都要待在光芒照得到的地方"这种强迫意识束缚住了。

因为大人们的一厢情愿，孩子从小就被教导不要去看事物的阴暗面，只看光明面；一旦接触外界的现实，感觉自己进入了阴影之中，就放弃一切，撒手不管了。

什么是人生的幸福？每个人都可以有不同的想法。

安藤忠雄认为，一个人真正的幸福并不是待在光明之中。从远处凝望光明，朝它奋力奔去，就在那拼命忘我的时间里，才有人生真正的充实。

掌握比别人更多的技能

齐瓦勃是美国卡内基钢铁公司的董事长，而他却出生在美国乡村，几乎没有受过什么像样的学校教育。15岁那年，一贫如洗的他到一个山村做了一名马夫。

三年后，一个偶然的机会，齐瓦勃来到钢铁大王卡内基所属的一个建筑工地打工。从踏进建筑工地的第一天起，齐瓦勃就抱定了要做一名最优秀员工的决心。

当其他人在因活儿累、挣钱少而消极怠工时，齐瓦勃却很敬业，独自热火朝天地干活，并在工作当中默默地积累着建筑经验，还利用工作之余的时间自学着建筑知识。

一天晚上，工友们都在闲聊，唯独齐瓦勃一个人躲在角落里静静地看书。那天恰巧公司经理到工地检查工作，经理看了看齐瓦勃手中的书，又翻开他的笔记本，什么也没说就走了。

第二天，经理把齐瓦勃叫到办公室，问他："你学那些东西干什么？"

齐瓦勃说:"我想我们公司并不缺少建筑工人,而是缺少既有工作经验又有专业知识的技术人员或管理者。而且我想做同事中最优秀的人,我想我应该比他们任何人都要更出色一些。事实上,我感觉我现在已经比他们更优秀了,因为我比他们掌握了更多的知识。"

经理被齐瓦勃的敬业精神和上进心感动了。不久,齐瓦勃就被升任为技师,然后他又凭着自己的努力一步步升到了总工程师的职位。25岁那年,齐瓦勃当上了这家建筑公司的总经理。

山外有山，
学无止境

李小龙的功夫可谓家喻户晓，他的电影，如《唐山大兄》《精武门》《猛龙过江》《龙争虎斗》更是一次次创造了票房神话，成为永恒的经典。

他生于美国圣弗朗西斯科（三藩市），童年和少年在香港度过。幼时，他身体非常瘦弱，父亲为了使他体魄强壮，在7岁时便教其练习太极拳。13岁时，他又跟随叶问大师系统地学习咏春拳，同时还练过洪拳、白鹤拳、谭腿、少林拳、戳脚等功夫。

后来，父亲将他送到了美国念书。

在功夫有了提高后，与人切磋也就成了他迫不及待要做的事儿了。一伸手，的确与众不同，身边没有人是他的对手，就连空手道三段的木村也在他面前毫无还手之力。20岁上下能有这么好的功夫，傲气、狂妄、目空一切的心态自然也很正常。

日本空手道高手山本冈夫的出现让狂妄的他吃了不少苦

头。和山本冈夫一过招儿，李小龙傻眼了，打不到，踢不到，自己的长处在他面前毫无办法施展。惨败的李小龙很不服气，又闯到人家武馆一探究竟，结果被一个"铁人"难住了。"铁人"面前，任凭他拳打、脚踹，纹丝不动，而山本冈夫一招下去，"铁人"就顺势横躺在地。

李小龙再次败在山本冈夫手下。此时的他终于突然醒悟，清楚地认识到自己和一个真正高手的差距。头脑不再狂热的他终于懂得静下心来思考问题了，而他在武术上所取得的突破也和这两次失败后的醒悟密不可分。

随后，他对武学的痴迷研究与思索，似乎已经在向我们昭示着一个属于李小龙武术时代的到来。

他的武学逻辑与思维独具特色。在大学体育老师伊诺教授眼中，自己对武学的认识与李小龙观点相比可谓相形见绌。在李小龙看来，武术的本质就是格斗、搏击，用最简单的方式将对方击倒。而他在武术搏击中的攻、防及攻中有防，防中带攻的观点更是将武术的精髓说得入木三分。

此时的他，已经认识到过分看重成败的弊端，即一个人如果太在乎胜败，格斗中他的身体就容易僵化，而只有忘记这一切，让自己心如止水，才能使身体变得灵活，才能让自己随心所欲地自由出击。

对于这些进步，他不得不感谢那个让他一败再败的山本冈夫。是失败让他突然醒悟，懂得以平常心态去面对比赛，懂得用什么样的态度去面对对手。同时，他也开始明白如何在比赛时清空头脑中的自满和杂念，快速发现自己的不足和别人的长处。

之后，他有了想创建一种新拳术的想法，就是后来风靡世界的中国功夫"截拳道"。为了实现这个理想，他积极向他人请教，甚至不惜打出"愿意在任何时间、任何地点，接受任何人挑战"的挑衅牌子。明知可能会失败，还要这么去做，而且对能打败自己的对手还心存感激，这就是李小龙。1964年，在加利福尼亚州举行的全美空手道比赛上，24岁的李小龙横扫所有选手，取得了冠军。

英雄
不问出身

人的个性很大程度上受少年时代的境遇影响。私生子卫青有了少年时困境的磨炼,从此坚强早熟,养成了谦卑隐忍的个性。

卫青原本并不姓卫,其父郑季是当地的一个县吏,被派到汉武帝的姐姐平阳侯家做事时,和平阳侯的婢女私通。卫青是郑季和卫媪的私生子,本该姓郑。由于同母异父的姐姐卫子夫被皇上宠幸,所以卫青不用亲生父亲的"郑"姓,而改用母亲的"卫"姓。

卫媪有七个孩子:长女卫君孺,次女卫少儿,三女卫子夫,长子卫长君,次子卫青,还有卫步和卫广。早年,卫媪一家穷得揭不开锅,无奈,只好送卫青到他的生父郑季家中。郑季明媒正娶的夫人当然对卫青没有好脸色。郑季自己出轨在先,自知理亏,只好让卫青上山放羊。卫青的兄弟姐妹也瞧不起他,对他呼来喝去,百般欺凌。

母亲养不起,父亲不疼爱。卫青也因此坚强早熟,养成了谦卑隐忍的个性。卫青成人后,又回到平阳公主府邸,做平阳公主的骑奴,身份还是奴仆。

然而,卫青的骑奴身份也给他带来机遇:一是骑奴必备的武功和精湛骑术,使他有能力担纲将来大将军之职。二是使平阳公主对他非常了解,以致再婚时选中卫青。

当然,真正改变卫青一生命运的,是姐姐卫子夫被汉武帝选入宫中。

卫青少年坎坷,但机遇也与坎坷并在。

卫青的成长之路,要从后宫中一起滥用私刑案说起。建元二年春,卫青同母异父的姐姐卫子夫,被顺道来平阳公主家游玩的汉武帝宠幸并带回宫中。原来在平阳公主府担任骑奴(以奴隶身份充当骑兵侍从)的卫青,也因此到了建章宫。

不久,卫青被秘密逮捕,危在旦夕。他的好朋友公孙敖,当时是汉武帝的骑兵侍从,带领几名壮士直冲囚禁密室,救出了卫青。

卫青当时只是普通侍从,老实本分,他能得罪谁呢?原来卫青不自觉地卷入了一场后宫之争:卫子夫入宫,受宠,怀孕,使得皇后陈阿娇妒火中烧,却无从下手。如果在平阳公主府中,或许不好明目张胆;卫青此时身处宫中,她就好下手了。

卫青被囚之后,表现出超人的忍辱负重和宽宏大量。即使日后官拜大将军,对此事也只字不提。

事关生死,卫青却采取"冷处理",等闲视之。这是为什么呢?是"君子报仇,十年不晚",还是纯属胆小怕事,息事宁人？其实，卫青既不想冤冤相报，也并非惊弓之鸟，一切源于自身的无奈与自卑。

无论如何，卫青被抓，阿娇母女对卫子夫的嫉妒之心暴露无遗，也使汉武帝对陈阿娇更加不满。

汉武帝索性把卫青提拔为建章监（建章宫的管理者），并加封侍中（皇帝的侍从）。卫子夫得宠，卫家人人受益。

汉武帝元光五年（前130年），皇后陈阿娇积怨爆发，竟然用巫蛊诅咒卫子夫。一个怨毒的蛊娃娃，对当事人毫发无伤，倒是把阿娇自己拉下了皇后之位，打入长门冷宫，而卫子夫则是万千宠爱在一身。爱屋及乌，卫青因此更得汉武帝信任和重用。

卫青出身骑奴，并未受过多少教育，没读过多少兵书，和他共事的有老一辈名将韩安国、李广，也有同辈的青年将领公孙贺、公孙敖。论深谋远虑、运筹帷幄，卫青不如韩安国；论驰骋疆场、经验丰富，卫青不如李广。然而，韩安国郁郁而终，李广免死而赎为平民，唯独卫青捷报频传。

卫青是外戚，但他是有才能的外戚。他虽然出身微贱，但善于骑射，才力过人；与士大夫交往很注意礼节，对士卒很关心、很宽容，常施恩惠，因而大家乐于接受卫青的调遣。卫青本人又有将帅之才，故每次出击都能立功。

汉武帝时，汉朝对匈战略由开国以来的被动防御，转为千里奔袭的主动进攻，转为大规模骑兵军团的机动作战。卫青在汉武帝的亲自部署下，熟练了新的作战模式。这是需要英雄的时代，卫青生逢其时。

卫青最大的运气，在于拿到了率兵出征的"令牌"。他从未上过战场，只因姐姐受宠，而被特别关照。没有汉武帝任将出征，卫青便没有机会成为抗匈名将。

从此以后，卫青屡战屡胜，平步青云，封侯拜将。机会来临时，他牢牢地抓住了。

无法成为别人，
只能成就自己

用别人的标准改造自己很容易迷失自我。

庄子的《应帝王》里面有一则寓言：南海帝王和北海帝王相距很遥远，他们每次都把会面的地点选在中央之地。中央之地也有一个帝王，叫混沌。混沌是一个非常热情好客的帝王，只是长得像一个七窍未开的大肉球。

每次在中央之地会面，混沌总是很热情地款待他们。这令他们很感动，而每次看到混沌七窍未开的样子，他们就会觉得内疚。因为混沌根本就没有眼、耳、口、鼻，所以什么人间至乐都享受不了。

为了报答混沌的好意，他们决定给混沌凿开七窍，这样混沌就可以像他们一样可以吃，可以喝，可以看了。说干就干，他们谋划好后就开始给混沌凿七窍。两个人每天给他凿一窍，整整凿了7天才算大功告成。

他们本以为混沌会很喜欢现在的样子，然而七窍凿好后，混沌却死了。混沌之所以是混沌，就因为他七窍未开的本真，而他之所以活着，也正因他的混沌之态。当他的七窍被凿开了之后，他也就不再是真正的自己了。

其实，何止混沌如此，现实中的我们不也是如此吗？

为了让自己变得更好，我们刻意模仿别人，把别人作为自我提高的参照标准。于是，我们历尽千辛万苦去改变，到头来却发现真正的自己不知道丢失在哪里了。就像邯郸学步的那个人，不但没有学会像别人那样走路，最后连自己如何走路都不知道了。

很多人之所以没能做真实的自己，多和逃避责任、躲避压力有关。

想做真实的自己必需经受时间的考验。当一个人愿意成为真实的自己，努力做一个真诚的人时，最后却发现成为不了真实的自己。想成为真实的自己并不一定就能成为最好的自己，因为这个过程是十分艰难的，如果自己没有很好的韧性和坚持精神，就会感到自己的能力不够，种种困境和压力会让心灵备受绝望的煎熬。

一个人太过于自卑，就无法塑造一个强大的自己；一个人如果总是拿人之长比己之短，就会对自己失去信心。每个人都是独一无二的，而一个觉醒的人总会在不断反思中超越自己。我们最难超越的不是他人，而是自己，因为我们无法成为他人，只能成为自己。很长一段时间，我们都将自己迷失在羡慕、模仿他人中，然而也正是这些迷失才使我们重新塑造了一个更强大的自己。

我们是否会因技不如人而感到自惭形秽，会因没有良好的家庭背景而抱怨父母？我们总是不经意间将自己放在矮人一头的位置上，然后独自黯然神伤。

与人攀比是人之本性，我们也无法将其从内心完全清除，只是在与人攀比时不能一味否定自己，将自己比得一无是处。而且一旦过分自卑，我们就很容易忽略自己所具有的巨大潜能。我们自认为处处不如人，其实一旦我们真正觉醒，就会发现其实一切并不是自己想象的那样。

别把希望寄托在别人身上

生活中，我们常常听到一些父母向儿女诉苦，一把鼻涕一把泪地诉说自己的生活是如何的寒酸，而别人的生活又是如何的幸福。在儿女很小的时候，父母把所有希望寄托在了他们的身上，甚至还有的父母逼着自己的孩子，让他们按照自己希望的方式去生活；而当儿女们对他们稍微有些抵触时，他们便哭天喊地，悲痛欲绝。

有的儿女对父母也是这样，总觉得自己很不幸，没有出生在一个富裕的家庭，没有碰到有能力的父母，于是便开始怨天尤人，愁眉不展。

无论父母也好，儿女也好，这种把希望寄托在别人身上的做法，都是不正确的。

一个人要想获得幸福，就不应该把希望寄托在别人身上，而是应该通过自己的努力去实现自己的理想，从自己的身上去寻找幸福！

不要凡事都依赖别人，在这个世上，最能让你依靠的人是你自己。 在大多数情况下，能拯救你的人，也只能是你自己。

在生命的旅程中，有时候我们难免会陷入各种危机之中，感觉自己所有的希望都破灭了，这时候，要想从那些致命的危机中走出来，踏上希望之路，就不要想着去依靠别人，而是要学会自己拯救自己。

诚然，人的一生中总要或多或少地受到一些人的帮助——父母的养育、师长的教诲、朋友的关爱等，他们的帮助，无疑促进了我们的成功。 但是，许多人正是习惯了别人的帮助，因而养成了严重的依赖心理，什么时候都把希望寄托在别人的身上，渐渐地也就变得软弱无能，对外界的一切失去了免疫能力。 作为当代青年，绝不能做一位饭来张口、衣来伸手的啃老族；也不能做一位离开父母便干不成大事的年轻人。 做一位拥有一定的独立性，碰到困难的时候能够自强不息、迎难而上的人，是很有必要的。

小仲马开始文学创作之初，寄出的稿件如泥牛入海，悄无声息。 父亲大仲马不忍见他这样，便对他说："你寄稿时给编辑先生附上一封信，说我是大仲马的儿子，也许情况就会好多了。"可小仲马不但拒绝以父亲的盛名作自己事业的敲门砖，而且不露声色地给自己取了十几个笔名，以免编辑把他和父亲联系起来。 最后，经过坚韧不拔的努力，他终于取得了成功，长篇小说《茶花女》一炮打响，成为传世之作。 直到那位编辑去拜访大仲马的时候，才发现，原来小仲马正是大仲马的儿子。

滴自己的汗，吃自己的饭。 自己的事，自己干。 靠天靠地靠祖上，不算是好汉。 不要总是依赖别人，把一切希望都寄托在别人身上，而要学会自己去解决问题，因为每个人都有许多事要做，别人兴许能够帮我们一时，却帮不了一世。 再说，一个人如果想要有所成就，超越别人，仅仅靠别人的帮助是无法实现的，自身必须要有一定的创造力。 所以，别把希望寄托在别人身上，幸福生活要靠我们自己创造。

绝不要
随意贬低自己

判断一个人是否是可塑之才，除了看他的为人处世之道外，还要考察他被放任无所事事时的表现。当我们不受重用的时候，不要灰心丧气，更不要自暴自弃，要知道，这是我们养精蓄锐的最好时机。

当上帝关上一扇门时，总会为你打开一扇窗。在这个变幻无常的世界上，没有永远不变的劣势与优势，正所谓三十年河西，三十年河东，就如红楼梦里的四大家族一样，曾经煊赫一时，可是也有"家败凋零"的时候。同理，无论你现在有多落魄，也绝不要随意贬低自己，永远不要放弃自己。只要你善于思考，保持积极向上的良好心态，看上去不可逆转的劣势或许会为你叩开下一扇成功之门。

谁都渴望人生是一望无际的草原，是一马平川。但这只是我们的一厢情愿，唯有曲折才是人生的常态，上帝不会随随便便就把你想要的东西给你。人生的路上总会遇到一些不顺心的事，人们或许会埋怨上天不公平，抱怨社会的黑暗，感叹自己命运的多舛，于是否定自己、放弃自己，觉得自己注定不会有出人头地的机会。其实，这些都仅仅是人生的常态，人生不可能总是一帆风顺的。

对于世间万物，上帝的态度是公平的。穷人是穷，可也有穷人的快乐；富人是富，可也有富人的烦恼。一个障碍，的确让人痛苦，可反过来想，这也是一个新的已知条件，只要你愿意，有决心，任何一个障碍，都会成为一个超越自我的契机，一个改变劣势的转折点。要时刻相信自己会心想事成，时刻思考如何去面对困境，在困境中调整心态，将困境转变成力量之源。

在职场，我们都会遇到坐冷板凳的情况，不被上司器重，没有施展才华的舞台。处在这样被冷落的位置上，很多人难免会自怨自艾、失落沮丧。在这种困境面前，一时的低落很正常，但要想更快地从中走出去，就要冷静思考，寻找原因。其实只要我们借此机会调整好自己的心态，养精蓄锐，厚积薄发，把冷板凳坐热，当时机成熟时，就能取得突破性的成绩。

在职场上，我们都希望成为公众注目的焦点，希望能够呼风唤雨，叱咤风云，谁也不希望被罚坐冷板凳。不甘于寂寞的我们或许有点儿太急于成功，必须承认，在特定环境里，不可能所有的人都会成为主角，我们何不将坐冷板凳看作机会？它能够让你避开组织内部钩心斗角的最大风险，与其急于表现自己，不如暂时收敛锋芒，把一时的孤寂当作老板或上司在有意考验我们。

"天将降大任于斯人也，必先苦其心志，劳其筋骨，饿其体肤。"想要成就一番事业，就必须拿出接受挑战的勇气，克服困难的魄力，同时还要有身处孤寂的耐力。我们还要保持宽容、积极向上的心态。在言谈举止中，要表现出自己淡定的风度，培养自己把冷板凳坐热的耐心，把它当作一个磨炼意志、休养生息、提高个人能力的机会。

有时候，我们就像驴一样，在漫漫的生命旅程中，会遇到诸多磨难，难免会陷入"枯井"的困境当中，可能还会有各种外界施加的泥沙覆盖在我们身上。这时的我们不要自暴自弃，也不必怨天尤人，而是应该以一种正确而积极的态度去应对。即便是在"枯井"里面，我们也不要哭泣，想要摆脱困境，只有将身上的泥沙抖落掉，把它作为成功路上的垫脚石，才能在困境中破茧成蝶。

绝不要随意贬低自己。低谷期也是一个人成功路上的某个阶段，不能回避。我们的成绩和机会正是从低谷中争取过来的。通过耐心把板凳坐热，通过出色的工作，为以后的成功打下坚实的基础。当机会来临时，你会发现曾经的劣势如今已是你最大的优势。

别让依靠成为一种习惯

绝大部分男性喜欢温柔顺从的女性,所以当有女性向他们求助时,一般都是很乐意拔刀相助的。看到身边的女性对自己有依赖感,大部分男性都会暗自得意,似乎满足了一种虚荣心。

但对于有过分依赖倾向的女性,又会让男人觉得"女人真麻烦",因为男性可以接受的是"适度依赖"。

现在,女人与男人一样甚至更出色地完成工作。越来越多的职业女性在竞争激烈的职场上用自己的实力,在男性同事间赢得了无可置疑的尊重。

然而相当多的职业女性对身边的男同事、男上司,甚至男性部下有潜意识的依赖感。

心理依赖的原因有两点:

一是传统文化的影响。按照传统的文化规范,只有男性才应有雄心勃勃的进取精神、支配力、权力欲和咄咄逼人的侵略性与竞争欲,才有"齐家、治国、平天下"的重任。而女性若要拼命地出人头地，有强烈的成就欲则是反常的，难以理解的。人们显然把柔弱和依赖看成女性天然的标签。

二是多重社会角色的矛盾。一般来说，女性所承担的各种社会角色之间的冲突比男性多。工作单位要求她们具有敬业、进取和开拓精神，但在家里她们被要求成为温柔、贤惠和本分的妻子和母亲。女性的这种社会工作角色与家庭生活角色发生矛盾时，往往各种角色会受到影响，在家偶尔会露出莫名其妙的傲气，在公司也很可能产生过多的依赖心理。她们需要处理好家庭和事业的关系，保持心理的平衡。男性可以接受的是"适度依赖"，既让男性有救人于危难中的自豪感，又不要把自己累倒，或是根本帮不上忙反而让自己出丑。所以，女人依靠久了，就再也起不来了。

职业女性首先还是女性，所以她们的心理依赖是很难完全克服的。其实也没必要完全克服，职业女性适当的依赖正是她们比男同事更亲切、更容易接近的表现。合适地表达这种依赖感，反而有助于建立同事间的融洽关系，这正是女性的优势所在！

心理依赖的类型主要有以下几种：

1. 缺乏独立型

这类女性产生依赖心理的根本原因是不够独立。这种依赖心理是女性缺乏自立意识和自主能力的表现，很可能是对现有的工作还无法轻松胜任，因此觉得工作"反正有领导安排"，甚至不敢单独去会见客户，也不愿意主动与客户联系。

2. 缺乏自信型

也可以说是畏惧困难。传统的社会文化，始终把女性塑造为柔弱的、需要保护的对象，这对她们意志力的形成带来较大的影响，因而遇到困难时总希望有人来帮助自己。甚至有的女性作为老板或部门领导者，在遇到困难时不能够保持自信，不能够勇敢面对，过多地消耗了她们的精力和时间，影响了事业的发展。

3. 拒绝责任型

责任与权利从来都是孪生兄弟，在独立做出决定的时候，往往意味着你要独立承担责任和后果。有的女性在工作中一有问题便依赖身边的男同事或领导，不愿做出自己的决定，根本原因在于不愿承担由此带来的责任。

4. 寻求认可型

有些女性在征求男同事意见时并不是特别在乎对方的回答，但她需要机会让同事知道她的工作内容。所以她们的倾诉、抱怨或者是征询意见，有时候只是一种交流，一种展示自己的方式，而不是很在乎对方的回答。通过这种交流，她们感觉到自己的工作被他人理解、认可，一定程度上满足了自我实现的欲望。

5. 渴望支持型

并不是所有女性对男同事都有依赖的感觉。有的女性在一个问题已有解决方案的情况下，还是会向身边的人征求意见。她们之所以再询问，是在心里期待别人做出和她们一样的判断，是希望别人能得出和自己一样的结论。因为女性比男性更在乎群体的评价，更喜欢群体的活动，比如结伴逛街购物、健身练习等。在群体中，共同的目标和行为会给女性带来安全感，"大家都是这么认为的"，从而感觉获得了支持，对自己的决定更有信心。